普通高等院校机械类"十二五"规划系列教材

金工实习指导书

（第 2 版）

主 编 朱 江

副主编 郝兴安 周俊波 张海薇

西南交通大学出版社

·成 都·

图书在版编目（CIP）数据

金工实习指导书 / 朱江主编. —2 版. —成都：
西南交通大学出版社，2013.8（2018.3 重印）
普通高等院校机械类"十二五"规划系列教材
ISBN 978-7-5643-2518-3

Ⅰ. ①金… Ⅱ. ①朱… Ⅲ. ①金属加工－实习－高等
学校－教学参考资料 Ⅳ. ①TG-45

中国版本图书馆 CIP 数据核字（2013）第 182469 号

普通高等院校机械类"十二五"规划系列教材

金工实习指导书
（第 2 版）

主编 朱 江

责 任 编 辑	李芳芳
特 邀 编 辑	李庞峰
封 面 设 计	何东琳设计工作室
出 版 发 行	西南交通大学出版社 （四川省成都市二环路北一段 111 号 西南交通大学创新大厦 21 楼）
发行部电话	028-87600564　028-87600533
邮 政 编 码	610031
网　　　址	http://www.xnjdcbs.com
印　　　刷	成都市书林印刷厂
成 品 尺 寸	185 mm×260 mm
印　　　张	10.25
字　　　数	251 千字
版　　　次	2013 年 8 月第 2 版
印　　　次	2018 年 3 月第 6 次
书　　　号	ISBN 978-7-5643-2518-3
定　　　价	22.00 元

普通高等院校机械类"十二五"规划系列教材
编审委员会名单

（按姓氏音序排列）

主　任	吴鹿鸣				
副主任	蔡　勇	蔡长韬	蔡慧林	董万福	冯　鉴
	侯勇俊	黄文权	李　军	李泽蓉	孙　未
	吴　斌	周光万	朱建公		
委　员	陈永强	党玉春	邓茂云	董仲良	范志勇
	龚迪琛	何　俊	蒋　刚	李宏穆	李玉萍
	廖映华	刘念聪	刘转华	陆兆峰	罗　红
	綦新华	乔水明	秦小屺	邱亚玲	宋　琳
	孙付春	汪　勇	王海军	王和顺	王顺花
	王彦平	王银芝	王　忠	谢　敏	徐立新
	应　琴	喻洪平	张　静	张良栋	张玲玲
	赵登峰	郑悦明	钟　良	朱　江	

总　序

　　装备制造业是国民经济重要的支柱产业，随着国民经济的迅速发展，我国正由制造大国向制造强国转变。为了适应现代先进制造技术和现代设计理论及方法的发展，需要培养高素质复合型人才。近年来，各高校对机械类专业进行了卓有成效的教育教学改革。和过去相比，在教学理念、专业建设、课程设置、教学内容、教学手段和教学方法上，都发生了重大变化。

　　为了反映目前的教育教学改革成果，切实为高校的教育教学服务，西南交通大学出版社联合众多西部高校，共同编写系列适用教材，推出了这套"普通高等院校机械类'十二五'规划系列教材"。

　　本系列教材体现"夯实基础，拓宽前沿"的主导思想。要求重视基础知识，保持知识体系的必要完整性，同时，适度拓宽前沿，将反映行业进步的新理论、新技术融入其中。在编写上，体现三个鲜明特色：首先，要回归工程，从工程实际出发，培养学生的工程能力和创新能力；其次，具有实用性，所选取的内容在实际工作中学有所用；最后，教材要贴近学生，面向学生，在形式上有利于进行自主探究式学习。本系列教材，重视实践和实验在教学中的积极作用。

　　本系列教材特色鲜明，主要针对应用型本科教学编写，同时也适用于其他类型的高校选用。希望本套教材所体现的思想和具有的特色能够得到广大教师和学生的认同。同时，也希望广大读者在使用中提出宝贵意见，对不足之处，不吝赐教，以便让本套教材不断完善。

　　最后，衷心感谢西南地区机械设计教学研究会、四川省机械工程学会机械设计（传动）分会对本套教材编写提供的大力支持与帮助！感谢本套教材所有的编写者、主编、主审所付出的辛勤劳动！

首届国家级教学名师

西南交通大学教授　吴鹿鸣

2010 年 5 月

第2版前言

  《金工实习指导书（第2版）》是根据国家教委办"高等工业学校金工实习教学"基本要求对机械类和非机械类专业的实施细则以及多年来金工实习教学内容和课程体系的改革实践经验，并考虑到21世纪的教学需要，在第一版的基础上修订而成的。

  本书保持了第一版的体系，为了便于教学人员组织教学及学生实习，我们按实习工种进行编写。在每一章开始，明确提出教学目的和对学生的要求，接着讲述这一章的重点概念及实习安全，并在章节的最后给出了实习报告，供教学人员选用，以便检查教学效果。

  全书由成都理工大学朱江担任主编，成都理工大学郝兴安、周俊波、张海薇担任副主编。全书共分为11章。具体分工如下：朱江编写第1章，董建明编写第2章、第3章，王喻华和周远果编写第4章，董晏伟编写第5章，王艳华编写第6章，张海薇编写第7章，冯博编写第8章，郝兴安编写第9章，都春元编写第10章，周俊波编写第11章。全书由周俊波负责统稿。

  由于编者水平有限，加之时间仓促，书中难免存在疏漏之处，恳请广大读者批评指正。

编 者

2013 年 6 月

第1版前言

　　《金工实习指导书》是按照国家教委颁布的"高等工业学校金工实习教学基本要求"对机械类和非机械类专业的实施细则编写的。为了便于教学人员组织教学及学生实习，我们按实习工种进行编写，在每一章开始，明确提出教学目的和对学生的要求，接着讲述这一章的重点概念及安全实习安全，并在章节的最后给出了实习报告，供教学人员选用，以便检查教学效果。

　　本实习指导书是在结合我校金工基地多年教学实践的基础上编写的，全书由成都理工大学朱江担任主编，成都理工大学郝兴安、周俊波、张海薇担任副主编。全书共分为 12 章，具体分工如下：朱江编写第 1 章和第 6 章；庄阿龙编写第 11 章；郝兴安编写第 9 章和第 12 章；张海薇编写第 4 章和第 7 章；周俊波编写第 2 章和第 3 章；赵治民编写第 5 章；冯博编写第 8 章；都春元编写第 10 章。全书由周俊波负责统稿，成都理工大学李宏穆担任主审。

　　由于编者水平有限，加之时间仓促，书中难免存在疏漏之处，恳请广大读者批评指正。

编　者
2011 年 6 月

目　录

第1章　金工概论

1.1　目的与要求

金工实习是金属工艺学课程教学的必要条件和重要组成部分。通过金属工艺学教学实习，使学生初步接触机械制造生产实际，学习主要工种加工工艺知识，初步掌握一些操作技能，为学习金属工艺学和有关后续课程以及以后从事机械制造和设计方面的工作建立一定的实践基础。

金工实习应尽量安排在下午和晚上进行，切实执行以教学为主的原则，认真贯彻教学实习大纲的要求。

金工实习应以示范讲解、现场表演和学生独立操作相结合的方式进行，掌握必要的工艺知识和操作技能。

金工实习总的要求如下：

（1）熟悉金属的主要成型方法与加工方法、所用的设备和工具，并具有主要工种的操作技能。

（2）对毛坯和零件的加工工艺过程有初步的了解。

（3）了解有关的工程术语和主要的技术文件。

（4）遵守安全操作规程和劳动纪律，爱护国家财产。

1.2　金工实习基地简介

1. 金工基地简介

金工实习基地主要有办公室、传统加工实验室、数控加工实验室、焊接实验室、铸造实验室、机器人实验室和办公室等区域。

办公室负责学生选课、成绩登录、成绩查询、课程补选及学生问题咨询；传统加工实验室负责车工实习、铣刨实习、钳工实习、机床结构和设备维护；机器人实验室负责金工理论、数控理论和机器人实习；焊接实验室负责焊接实习；铸造实验室负责铸造实习；数控加工实验室负责数控车、数控加工中心、数控铣和数控线切割实习。

2. 实习内容

金工实习分一周实习、两周实习和三周实习，各类实习的实习内容如下：

（1）一周实习的时间分配：

金工理论	1 次	钳工	3 次
车工	3 次	先进制造基础	1 次
铣刨	1 次	数控车	1 次
共计	10 次		

（2）两周实习的时间分配：

金工实训基础	1 次	数控加工中心	2 次
车工	4 次	数控线切割	1 次
铣刨	1 次	数控车	2 次
钳工	4 次	先进制造基础	1 次
机器人	3 次	焊接	1 次
共计	20 次		

（3）三周实习的时间分配：

金工理论	1 次	数控加工中心	3 次
车工	5 次	数控理论	1 次
铣刨	1 次	数控车	3 次
钳工	5 次	机器人	4 次
焊接	1 次	数控铣	2 次
铸造	1 次	数控线切割	2 次
先进制造基础	2 次		
共计	24 次		

3. 上课时间和地点

金工实习的上课时间是上午 8:10，下午 14:00，晚上 18:30，上课应提前 5 分钟到，不得迟到。学生应按教务处要求在一年内完成金工实习的选课实习。上课地点应按照不同的工种找相应的实习地点。

4. 选课的秩序

一周实习、两周实习和三周实习的学生第一次选课必须选金工理论，方可进行后续的选课；两周实习、三周实习的学生第二次选课可选数控理论，如果一门课要上几次课的，必须依次进行选课（如车工，必须依次进行车工 1、车工 2、车工 3 选课）。

1.3　相关规章制度

学生在金工实习基地实习时应遵守学校的实验室管理制度、金工实习基地学生实习制度、金工实习基地安全卫生制度守则、传统加工实验室安全注意守则以及实验器材损坏、遗失赔偿制度。

1. 金工实习基地学生实习守则要点

（1）积极参与实验教学改革，要树立勇于探索、敢于创新的良好学习风气，实习完毕要及时整理实习记录，理论联系实际，认真分析问题，完成实习报告，送交教师批阅。经查实属弄虚作假及抄袭实习报告者，要重做实习或成绩记"0"分。

（2）按教学计划准时上课，不准迟到或无故缺课。在金工实习基地只能做与实习有关的工作和使用相应的工具及设备，实习完成后应做好清洁，并如数归还所用工具及设备，若有遗失或损坏要照章赔偿。

（3）应爱护实验设施，注意环境卫生，讲究仪表端庄、衣衫整洁，保持室内安静整齐，严禁喧哗、吸烟、扔纸屑杂物或吐痰，严格遵守实验室各项管理规章制度和操作规程，保持实验室安全、整洁、有序的工作环境。

（4）操作前应了解所用机床的性能和操作方法。为保证教学质量，必须按图纸的技术要求和指导老师讲解的工艺方法进行加工。

（5）遵守安全原则，严格执行各种安全技术操作规程。听从指挥，细心操作，做到安全实习。

（6）爱护国家财产，不得任意操作或动用与自己无关的机床和工具。无故破坏或丢失要按情节轻重折价或照价赔偿。

（7）遵守纪律，严肃法纪。若有违犯者，由指导老师和所在单位提出初步意见，经主管部门核准后，将给予校内通报、赔偿、行政处分，直至追究法律责任。

2. 金工实习基地安全卫生制度守则要点

（1）做好消防卫生工作，定期检查重点消防和安全防范部位，及时更换或加固安全设施，严格规范操作，杜绝或减少各种事故发生。

（2）教学、科研或技术服务需要进行实习时，凡进入本区的人员都要听从教师或值班人员指导，不准做与实习内容无关的事。

（3）爱护一切设施，严格按操作程序进行各种实习，实习结束后，要做好记录，按要求做好室内环境和仪器设备的清洁，整理好所用物品，关好水电和门窗。

（4）做好并爱护实验室环境与实验室设施的清洁。室内严禁喧哗、吸烟、扔纸屑杂物、吐痰等。

（5）学生进入工位前，一定要穿好工作服，女生要戴好安全帽；不准戴手套上机床操作；不准穿拖鞋、凉鞋、高跟鞋、背心和裙子进入车间。

（6）学生酒后严禁进入车间实习。

（7）未到实习时间及老师不在场时，学生不准开动机床进行操作。

（8）指导老师发现学生违反安全操作规程时，有权停止其操作。学生发现机床有异常现象和故障时，必须立即停止，如发生事故，要保护好现场并及时报告指导老师。

（9）以上各条，要认真做好，对违犯者，视情节与本人态度按照相应办法处理：书面检查、校内通报、经济赔偿、行政处分，直至追究刑事责任。

3. 实习过程中潜在的安全隐患

（1）车工实习时不按要求着装，衣服袖口不系好扣子。车床高速旋转时，工件毛刺将上衣整个袖子撕扯下来，会将人卷进设备而酿成重大事故。

（2）学生夏季穿凉鞋，车间内的铁屑会把脚跟割破。

（3）机床未停稳，用手触摸工件或测量工件，工件毛刺会割破手指等。

4．传统加工实验室安全守则要点

（1）到场人员一律不准穿拖鞋、凉鞋、高跟鞋、裙子，女同学要戴帽子，长发不能露出帽外。

（2）使用钻床、车床、铣床、刨床时不能拿破布和棉纱。

（3）开动机床前要检查各操作手柄，其手柄位置是否正常，工具及刀具是否已装夹牢固。

（4）车床操作六不准：

① 不准将小拖板边轨露出表面进行操作。

② 不准用手触摸旋转物体。

③ 不准对着旋转物体传递物品。

④ 不准私自改变车头箱、进给箱外部的手柄位置。

⑤ 不准嬉戏打闹，开玩笑。

⑥ 不准在车床运转时离开机床。

5．实验器材损坏、遗失赔偿制度

（1）对任何损坏遗失行为，实验室主任有权利和责任执行学校制订的赔偿制度。

（2）损坏或遗失赔偿基准：

器材损坏可以修复的，修复费＜200元，全额赔偿；修复费≥200元（0～10 000元），按50%～90%计算赔偿。

（3）损坏不能修复或遗失的赔偿基准：

按使用期折旧后的现值计算，年折旧率为5%或10%，现值＜1 000元，赔偿80%；现值≥1 001元（1 001～50 000元），按30%～70%计算赔偿。

（4）属违规操作、擅自使用或拆卸、嬉戏打闹、玩忽职守等损坏或遗失器材者照以上述基准赔偿；属偶尔疏忽并努力减少损失而态度又好者，按上述基准的30%计算赔偿；属器材本身质量、使用期限或忽然停电停水等直接造成的损坏免于赔偿。

1.4　金工实习总成绩评定办法

（1）金工实习成绩由各工种考核成绩组成，最终按百分制评定总成绩。实训表现成绩和操作水平成绩由各工种实训指导老师给出的成绩按一定的比例计算而得。

（2）各工种满分100分。各工种考核成绩包括基本操作技能、实训报告、安全文明生产及实训纪律、态度等。

（3）有病假和事假者，原则上根据所缺时间按比例扣分。病假超过总实训时间的1/3，或事假超过总实训时间的1/4者，在补齐实训前，不予评定金工实习总成绩。已有的工种实训成绩保留，待补齐所缺工种实训后，再评定总成绩。

（4）实训报告未完成或质量很差者，实训总成绩以不及格论处。

（5）凡因旷课、测试、考核成绩不及格者需重修；凡因请假导致实训成绩不及格者需补做，原则上缺什么工种就补什么工种。

（6）学生有特殊情况（如伤残等）不能实训而又无法补做者，由本人提出申请，经教务处批准后方可免修。

（7）实训总成绩按下式计算：

$$A = (A_1 + \cdots + A_i + \cdots + A_n)/n$$

式中 A —— 实训总成绩；

　　　　A_i —— 各工种成绩；

　　　　n —— 工种数。

金工实习报告（金工理论）

班级：_____ 学号：_____ 姓名：_____ 成绩：_____ 教师签名：_____ 日期：_____

一、填空题（20分）

1. 你在金工实习基地实习____周，上_____课。

2. 上课时间是早上_____，下午_____，晚上_____。

3. 金工实习基地主要分成_____实验室、_____实验室、_____实验室等。

4. 在金工实习基地应在_____年内完成金工实习。

二、简答题（60分）

1. 在金工实习基地实习潜在的安全隐患有哪些？

2. 车床操作六不准是什么？

3. 机械制造的一般过程是什么？

4. 在金工实习基地进行了哪些基本技术训练？

5. 为了安全进入金工实习基地应如何穿戴?

6. 如果你没有按正常完成实习，补课的程序是怎样的?

三、实习态度、出勤情况（20 分）

第2章　铸　造

2.1　目的与要求

1. 目　的

（1）了解铸造生产的工艺过程及其在机械制造毛坯生产中的作用和地位。

（2）掌握型砂、芯砂等造型材料的性能、组成及其制备过程。了解型砂、芯砂对铸件质量的影响。

（3）掌握砂型铸造生产的工艺过程、特点和应用。分清零件、模样和铸件之间的主要区别。

（4）熟悉手工整模、分模、活块、挖砂、假箱、刮板、三箱造型的生产工艺过程、特点和应用。能正确采用常用的工具进行简单的两箱手工造型。

（5）掌握浇注系统的组成、分类、作用，以及冒口的作用与放置位置。

（6）了解冲天炉的构造、工作原理、冲天炉炉料、熔炼和浇注；熟悉其他熔炼方法及设备；掌握铸件的浇注、落砂和清理包括的内容及注意事项。

（7）熟悉铸件常见缺陷及其产生的主要原因。

（8）熟悉铸造安全技术。

2. 要　求

（1）在老师的指导下，基本掌握手工两箱造型（整模、分模、挖砂）的工艺方法，能独立完成一般铸件的造型与造芯。

（2）对铸件进行初步工艺分析，对其质量进行分析，掌握缺陷产生的原因及防止方法。

（3）通过造型实际操作，培养学生仔细认真的严谨态度及吃苦耐劳、不怕苦、不怕累的工作态度。

2.2　铸造的基础知识

1. 铸造概述

铸造是将经过熔化的液态金属浇注到与零件形状、尺寸相适应的铸型中，冷却凝固后获得毛坯或零件的一种工艺方法。铸造的特点：可以生产各种形状特别是具有复杂内腔的铸件；可以用于各种金属；工艺灵活性大、适应性广；铸件成本低；但工序多，有铸造缺陷，机械性能不如锻件，劳动条件差。

2. 铸造流程简介

如图 2.1 所示，铸造的一般过程是：绘制零件铸造工艺图→制造模样和芯盒→造型和造芯→下芯、合箱→浇注→落砂→清理→质量检验→获得合格铸件。

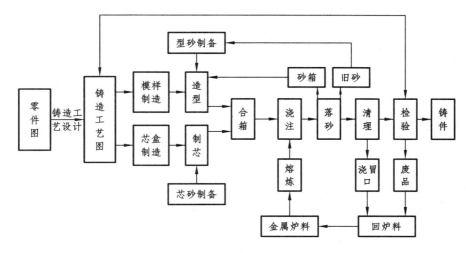

图 2.1　铸造流程

3. 砂型与芯砂简介

制造铸型用的材料称为造型材料，砂型铸造主要使用型砂和芯砂。型砂常用于砂型；芯砂常用于造芯，它们都是由砂、黏结剂和附加物组成。其性能要求是具有可塑性、足够的强度、耐火性、透气性、退让性等，芯砂的性能要求比型砂更高。

4. 造　型

用模样和型砂制造砂型的过程称为造型。造型是砂型铸造最基本的工序，它分为手工造型和机器造型两大类。这里重点讲解各种手工造型的方法和适用范围。

（1）整模造型特点：分型面为平面，铸型型腔全部在一个砂箱内，造型简单，铸件不会产生错箱缺陷；多用于最大截面在端部的、形状简单的铸件生产。

（2）分模造型特点：模样沿最大截面分为两半，型腔位于上、下两个砂箱内；造型方便，但制作模样较麻烦；多用于最大截面在中部的铸件，一般为对称性铸件。

（3）活块造型特点：将模样上妨碍起模的部分做成活动的活块，便于起模。造型和制作模样都很麻烦，生产率低；用于单件小批生产带有凸起部分的铸件。

（4）三箱造型特点：铸件两端截面尺寸比中间部分大，采用两箱无法起模，将铸型放在三个砂箱中，组合而成。三箱造型的关键是选配合适的中箱。但三箱造型造型复杂，易错箱，生产率低，一般应用于单件小批生产具有两个分型面的铸件。

（5）挖砂造型特点：模样为整体模，造型时需挖去阻碍起模的型砂，故分型面是曲面。

挖砂造型造型麻烦，生产率低，一般用于单件小批生产、模样薄、分模后易损坏或变形的铸件。

5. 浇注系统

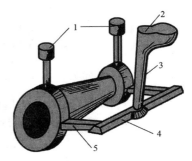

在铸型中引导液体金属进入型腔的通道称为浇注系统。典型的浇注系统由外浇口、直浇道、横浇道和内浇道组成，如图 2.2 所示。浇注系统的作用是：① 引导液体金属平稳地充满型腔，避免冲坏型壁和型芯；② 挡住熔渣进入型腔；③ 调节铸件的凝固顺序。图中的冒口是为了保证铸件质量而增设的，其作用是排气、浮渣和补缩。对厚薄相差大的铸件，都要在厚大部分的上方适当开设冒口。

图 2.2　浇注系统及冒口
1—冒口；2—外浇口；3—直浇道；
4—横浇道；5—内浇道

6. 分型面选用原则

分型面是上型和下型的接触面。选择分型面的目的是简化造型工艺。分型面的选择原则如下：

（1）尽量将铸件全部或大部分放在同一半铸型内，因为分型面损害了铸件精度。

（2）尽量使分型面呈平面。

（3）尽量减少分型面的数目。

7. 铸件处理

（1）落砂、清理（切除浇冒口，清除砂芯，清除黏砂）。

（2）废品分析。

缺陷的种类：孔洞（气孔、缩孔、砂眼、渣气孔），表面缺陷（机械黏砂、夹砂），形状尺寸不合格（偏芯、浇不到、冷隔、错箱），裂纹（热裂、冷裂）。

8. 铸造实习

铸造实习先是指导教师示范操作，包括手工造型所用工具及使用方法；然后是学生实习操作，此时指导教师应对学生操作进行全过程指导，及时指出操作错误及不规范事项。

2.3　铸造安全实习

（1）实训时要穿好工作服。留有长发的学生要将长发挽起、固定后戴上工作帽。不准穿拖鞋、凉鞋进入实习基地。熔炼、浇注前必须穿戴好防护用品。

（2）必须动用照明电器时，应取得实习指导老师的同意并注意检查电线、插头、插座，以免漏电触电，不要随便开关车间的电器。

（3）造型时，舂砂用的平锤用完后要水平放置在侧旁，切勿垂直放置；不要用嘴吹分型砂，以免砂粒飞入眼内；将模型埋入砂型时，切勿用铁锤猛击，以免损坏模样；紧砂时不得将手放在砂箱上，以免砸伤手。

（4）搬动砂箱时要注意轻放，不要压伤手脚。不得将造型工具乱扔、乱放或者用工具敲击砂箱及其他物件，不得互相投掷砂子打闹。

（5）在造型场内行走时要注意脚下，以免踩坏砂型或被铸件、砂箱等碰伤。

（6）浇注用具要烘干，浇包不得装满金属熔液，不准和抬浇包的人说话或并排行走。

（7）非工作人员不要在炉前、浇注场地停留和行走。

（8）在熔炉间及造型场地内观察熔炼与浇注时，应站在一定距离外的安全位置，不要站在浇注时往返的通道上。熔融的高温金属液在浇注运送途中或浇入砂型时，应检查是否有余液碎块失落在道路上或砂型旁，有则应立即清除干净，以免伤人，勿用手触摸。如遇火星或金属熔液飞溅时应保持镇静，不要乱跑，防止碰坏砂型或发生其他事故。

（9）不准用冷金属或冷金属工具伸入金属熔液中，以免引起金属熔液爆溅伤人。

（10）浇注后的铸件应按工艺要求按时开箱，以免过早开箱导致废品或烫伤人。

（11）要待铸件温度冷却到常温时，方能进行清理。清理铸件应注意砂型附近的高温金属碎料或灼热铸件，以免烧伤危险，切勿触摸高温铸件或碎块，不要对着他人打浇冒口或錾毛刺，以防伤人。

（12）实训结束后，应将模型和造型工具进行清点并擦拭干净，装入工具箱。熔炼、浇注结束后，应熄灭熔炉中的余火，未浇注完的金属液应妥善处置。清理打扫实训场地。

金工实习报告（铸造 1）

班级：_____ 学号：_____ 姓名：_____ 成绩：_____ 教师签名：_____ 日期：_____

一、判断题（10 分）

1. 型砂是制造砂型的主要材料。（　　）

2. 造型时，砂型的分型面一般应取在铸件的最大截面处。（　　）

3. 冒口主要起补缩作用，其位置应设在铸件的最高处。（　　）

4. 熔模铸造无分型面，故铸件的尺寸精度较高。（　　）

5. 铸件浇注不足与浇注温度、浇注速度及铸件壁厚有关。（　　）

二、填空题（10 分）

1. 型砂主要由_____等组成。它应具备_____等基本性能。

2. 典型浇注系统是由_____组成的。

3. 冒口的作用是_____。小型铸铁件一般不用冒口，是因为_____。

4. 砂型铸造的造型方法可分为_____造型和_____造型两大类。

5. 铸造圆角的主要作用是_____。

三、选择题（10 分）

1. 下列工件中适宜用铸造方法生产的是（　　）。

　　（A）车床上进刀手轮　　　　　（B）螺栓

　　（C）机床丝杠　　　　　　　　（D）自行车中轴

2. 为提高合金的流动性，常采用的方法是（　　）。

　　（A）适当提高浇注温度　　　　（B）加大出气口

　　（C）降低出铁温度　　　　　　（D）延长浇注时间

3. 挖砂造型时，挖砂深度应达到（　　）。

　　（A）模样的最大截面处　　　　（B）模样的最大截面以下

　　（C）模样的最大截面以上　　　（D）任意选择

4. 铸件壁太薄，浇注时铁水温度太低，成形后容易产生的缺陷是（　　）。

　　（A）气孔　　　　　　　　　　（B）缩孔

　　（C）裂纹　　　　　　　　　　（D）浇不足

5. 砂型强度低时，除造成修型、塌箱外，还会使铸件产生（　　）。

　　（A）气孔　　　　　　　　　　（B）砂眼、夹砂

　　（C）表面黏砂　　　　　　　　（D）浇不足

四、简答题（20 分）

1. 零件、铸件和模样三者在形状和尺寸上有哪些区别？

2. 标出铸型装配图的名称（见图 2.3），并简述其主要作用，列于表 2.1 中。

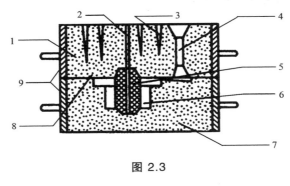

图 2.3

表 2.1

序号	名　　称	主要作用
1		
2		
3		
4		
5		
6		
7		
8		
9		

3. 常用手工造型的方法有哪几种？你选用的是哪一种？试述其特点及应用。

五、砂型铸造的步骤（40 分）

六、实习态度、出勤情况（10 分）

金工实习报告（铸造2）

班级：＿＿＿＿ 学号：＿＿＿＿ 姓名：＿＿＿＿ 成绩：＿＿＿＿ 教师签名：＿＿＿＿ 日期：＿＿＿＿

一、判断题（10分）

1. 砂型铸造是生产大型铸件的唯一方法。（　　　）
2. 当铸件生产批量较大时，都可用机器造型代替手工造型。（　　　）
3. 型芯的主要作用是构成铸件的内腔或孔。（　　　）
4. 横浇道除向内浇道分配金属液外，主要起挡渣作用。（　　　）
5. 铸件出现缩孔是由于冒口与冷铁设置不当所造成的。（　　　）

二、填空题（10分）

1. 制好的砂型通常要在型腔表面涂上一层涂料，其目的是＿＿＿＿＿＿＿＿＿＿＿＿。
2. 典型的浇注系统是由＿＿＿＿＿＿＿＿＿＿＿＿＿＿＿＿组成。
3. 砂型铸造生产通过制作＿＿＿＿＿和＿＿＿＿＿，配制＿＿＿＿、＿＿＿＿，然后造＿＿＿＿、造＿＿＿＿，同时熔化金属进行＿＿＿＿，待铸件＿＿＿＿、＿＿＿＿，经质量检验后，即为合格铸件。
4. 铸造方法从总体上可分为＿＿＿＿＿和＿＿＿＿＿两大类，常用的特种铸造方法有＿＿＿＿＿、＿＿＿＿＿、＿＿＿＿＿、＿＿＿＿＿等。
5. 通常不需要型芯和浇注系统即可获得空心旋转体铸件的铸造方法是＿＿＿＿＿。

三、选择题（10分）

1. 车床上的导轨面在浇注时的位置应该（　　　）。
   - （A）朝上
   - （B）朝下
   - （C）朝左侧
   - （D）朝右侧

2. 铸造圆角的主要作用是（　　　）。
   - （A）增加铸件强度
   - （B）便于起模
   - （C）防止冲坏砂型
   - （D）提高浇注速度

3. 型砂中加入附加物煤粉、木屑的目的是（　　　）。
   - （A）提高型砂的强度
   - （B）便于起模
   - （C）提高型砂的透气性
   - （D）提高型砂的退让性

4. 考虑到合金的流动性，设计铸件时应（　　　）。
   - （A）加大铸造圆角
   - （B）减小铸造圆角
   - （C）限制最大壁厚
   - （D）限制最小壁厚

5. 压力铸造主要适用于浇注（　　　）体。
   - （A）铸铁
   - （B）铝合金

（C）碳素钢 　　　　　　　　（D）合金钢

四、简答题（20分）

1. 浇注系统一般由哪几部分组成？它们的作用是什么？

2. 常用手工造型的方法有哪几种？你选用的是哪一种？试述其特点及应用。

3. 模样、铸件以及最后加工得到的零件三者之间，在形状和尺寸上有何区别？

4. 图2.4所示铸件在不同生产批量时，该应用什么造型方法？

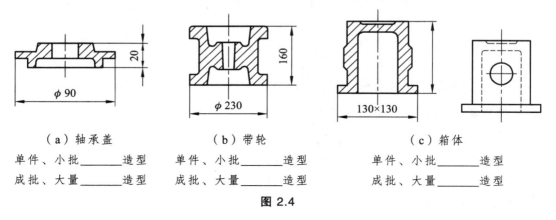

（a）轴承盖　　　　　　　　（b）带轮　　　　　　　　（c）箱体

单件、小批＿＿＿＿＿＿造型　　　单件、小批＿＿＿＿＿＿造型　　　单件、小批＿＿＿＿＿＿造型

成批、大量＿＿＿＿＿＿造型　　　成批、大量＿＿＿＿＿＿造型　　　成批、大量＿＿＿＿＿＿造型

图2.4

五、砂型铸造的步骤（40分）

六、实习态度、出勤情况（10分）

金工实习报告（铸造 3）

班级：_____ 学号：_____ 姓名：_____ 成绩：_____ 教师签名：_____ 日期：_____

一、判断题（10 分）

1. 为了改善砂型的透气性，应在砂型的上下箱都扎通气孔。（　　）
2. 降低浇注温度和速度、减小浇口截面积可防止铸件出现冷隔。（　　）
3. 砂型铸造用模样的外形尺寸比铸件尺寸要大一些。（　　）
4. 浇注形状复杂的薄壁铸件时，浇注温度应高，浇注速度应慢。（　　）
5. 为了使铸出的孔的尺寸合理，所用砂芯的直径应比铸件的直径大。（　　）

二、填空题（10 分）

1. 在型砂中加锯木屑并将砂型烘干，目的是_____。
2. 型砂应具备_____等主要性能。
3. 浇注系统是为_____而开设于铸型中的一系列_____。
4. 铸造方法从总体上可分为_____和_____两大类，常用的特种铸造方法有_____、_____、_____、_____等。
5. 铸造圆角的主要作用是_____。

三、选择题（10 分）

1. 手工造型时，因砂春得太紧或型砂太湿、起模和修型时刷水太多，砂型又未烘干，浇注后易在铸件上产生（　　）缺陷。
　　（A）砂眼　　　　　　　　　　（B）气孔
　　（C）夹渣　　　　　　　　　　（D）夹砂
2. 制造模样时，模样的尺寸应比零件大一个（　　）。
　　（A）铸件材料的收缩量
　　（B）机械加工余量
　　（C）铸件材料的收缩量＋机械加工余量
　　（D）铸件材料的收缩量＋模样材料的收缩量
3. 制好的砂型，通常要在型腔表面涂上一层涂料，其目的是（　　）。
　　（A）防止黏砂　　　　　　　　（B）改善透气性
　　（C）增加退让性　　　　　　　（D）防止气孔
4. 为提高合金的流动性，常采用的方法是（　　）。
　　（A）适当提高浇注温度　　　　（B）加大出气口
　　（C）降低出铁温度　　　　　　（D）延长浇注时间

5. 灰口铸铁适合制造机床床身、机架、底座、导轨等零件，除了因为它的铸造工艺性能良好外，还因为（　　）。

　　（A）抗拉强度好　　　　　　　　　（B）抗弯强度好
　　（C）抗压强度和吸振性能好　　　　（D）冲击韧性好

四、简答题（20分）

1. 什么是铸造？铸造生产有何特点？

2. 请画框图说明砂型铸造的工艺流程。

3. 常用手工造型的方法有哪几种？你选用的是哪一种？试述其特点及应用。

4. 不论什么铸件都不允许有缺陷存在，你认为这样的技术要求合理吗？

五、砂型铸造的步骤（40 分）

六、实习态度、出勤情况（10 分）

第 3 章 焊 接

3.1 目的与要求

1．目　的

（1）了解常用焊接方法的分类、特点及应用。

（2）熟悉手工电弧焊机的种类、结构、性能及应用。

（3）掌握电焊条的组成和作用，了解结构焊条的型号及其含义。

（4）熟悉常见的焊接接头形式和坡口形式，以及不同焊缝空间位置的焊接特点。

（5）掌握手工电弧焊焊接工艺参数和选择，以及不同的焊接工艺参数对焊接质量的影响。

（6）掌握手工电弧焊的操作要点，并了解常见缺陷及其产生的原因和避免措施。

（7）熟悉焊接的安全生产技术知识。

2．要　求

通过实际操作达到以下要求：

（1）在指导老师的指导下，按操作规程用交流弧焊机进行手工电弧焊（对接平焊）焊接操作。

（2）对完成的作业工件进行检验，并能分析常见焊接缺陷。

（3）对焊接工件进行初步的焊接工艺分析。

3.2 焊接的基础知识

1．焊接简介

焊接是指通过加热、加压或两者并用的手段，用或者不用填充材料，使两个分离的固态物体产生原子（分子）间结合而成为一体的连接方法。被连接的两个物体可以是同类或不同类的金属，也可以是非金属，还可以是金属与非金属。

2．手弧焊

手弧焊是手工电弧焊的简称，它是以电弧作为热源、手工操作焊条进行焊接的方法。

手弧焊操作方便灵活,主要用于单件、小批生产 2 mm 以上厚度的各种常用金属的全位置焊接。

3. 弧焊电源

弧焊电源是电弧焊设备中的主要部分,是根据电弧放电的规律和弧焊工艺对电弧燃烧状态的要求而供以电能的一种装置。根据电流性质的不同,手弧焊电源分为交流弧焊机(又称弧焊变压器)和直流弧焊机(又称弧焊整流器)两大类。

4. 焊　条

焊条由焊芯和外层涂覆的药皮两部分组成。

焊芯的作用一是作为电极传导电流,产生电弧;二是作为填充材料,与母材金属(焊件金属)熔合在一起,形成焊缝。药皮是压涂在焊芯表面的涂料层,它是由各种不同的矿石粉、铁合金粉、有机物和化工产品等按一定比例配制的混合物。药皮有保护熔化金属不受空气影响、去除熔池中的有害杂质、稳定电弧、改善成形、脱渣、减少飞溅等作用。

5. 焊接位置

熔焊时,焊件接缝所处的空间位置称为焊接位置,主要有平焊、立焊、横焊和仰焊位置等。

6. 接头及坡口

用焊接方法连接的接头称为焊接接头(简称接头)。焊接接头形式主要有对接接头、T 形接头、角接接头、搭接接头 4 种,其中以对接接头和 T 形接头应用最为普遍。

为了保证厚度较大的焊件也能够焊透,常将金属材料边缘加工成一定形状,这就是坡口,除此之外,坡口还能起到调节母材金属和填充金属比例即调整焊缝成分的作用。常见的坡口形式有 I 形坡口、Y 形坡口、带钝边 U 形坡口、双 Y 形坡口、带钝边单边 V 形坡口等,不同的对接方式,其坡口形式及尺寸都有所不同。

7. 焊接工艺参数

焊接工艺参数是指焊接时,为保证焊接质量而选定的诸多物理量(如焊条直径、焊接电流、电弧电压、焊接速度等),选择合适的焊接工艺参数,对提高焊接质量和生产效率十分重要。

8. 手弧焊焊接基本操作

焊接操作包括引弧、运条、焊道的连接和焊道的收尾。手工电弧焊焊接操作要领包括对电弧的引燃与控制以及焊条的运条。

引弧就是引燃焊接电弧的过程。引弧时,首先将焊条末端与工件表面形成短路,然后迅速向上提起 2~4 mm,电弧即被引燃。引弧方法有两种:一种是划擦法,另一种是直击法。

电弧引燃后,开始进入正常的、持续的焊接过程,手工操作要保证焊条送进运动、焊条沿焊接方向移动、焊条的横向摆动三个方向的动作必须协调一致。根据焊缝的空间位置和接头形式，采用适当的运条操作，才能得到符合要求的焊缝。

9. 焊接缺陷及焊接检验

焊接缺陷是指焊接过程中在焊接接头处产生的不符合设计或工艺文件要求的缺陷。

焊接检验是指根据产品的有关标准和技术要求，对焊接生产过程中的原材料、半成品、成品的质量及工艺过程进行检查和验证，目的是保证产品符合质量要求，主要包括破坏性检验和非破坏性检验。

3.3　焊接安全技术

（1）实训时必须穿戴好工作服和各种防护用品，留有长发的学生要将长发挽起、固定后戴上工作帽。

（2）工作前应首先检查焊接设备有无漏电现象，线路各连接点接触是否良好，电焊机及焊台是否牢固接地，不得有松动现象。

（3）电焊钳手柄和焊接电缆应连接牢固、绝缘可靠。焊钳不得放在工作台上，以防短路烧坏电焊机。

（4）焊接操作时必须戴上防护面罩，以防弧光伤害眼睛和面部。戴好电焊手套，以防弧光或焊渣伤害皮肤。

（5）要注意防火、防爆，工作现场不得放置易燃、易爆物品。要注意防止烟雾中毒，工作时要及时开启抽、排风装置。

（6）操作过程中若发现电焊机出现异常，应立即停止工作，切断电源，并报告实训指导人员，不得自行处理。

（7）清理焊渣时，应从焊缝的侧面用榔头进行敲击，以免焊渣飞出去击伤眼睛和面部。

（8）刚焊接后未冷却的工件，不得用手拿，必须用夹钳夹持，以防烫伤手。

（9）实训操作人员严禁接、拆电线、电缆、插座、闸刀等。若发生触电事故，不要惊慌，应先切断电源，并立即报告实训指导老师进行处置。

（10）实训结束后，首先应关机、关闭电源，然后清理焊接件、边角废料，打扫实训场地。

金工实习报告（焊接 1）

班级：_____ 学号：_____ 姓名：_____ 成绩：_____ 教师签名：_____ 日期：_____

一、判断题（10 分）

1. 必须同时加压又加热才能进行焊接。（   ）
2. 交流和直流弧焊机都有正、负接法，使用时要注意极性。（   ）
3. 电焊条的规格是用焊芯直径来表示的。（   ）
4. 在焊接过程中，焊条移动速度越快越好。（   ）
5. 焊条直径越粗，选择的焊接电流应越大。（   ）

二、填空题（10 分）

1. 根据焊接过程的特点，焊接方法可分为_____、_____、_____三大类，手工电弧焊属于_____。
2. 手弧焊机按供电的电流性质不同，可分为_____和_____。
3. 直流电焊时，焊较薄的工件应采用_____接法，焊较厚的工件应采用_____接法。
4. 焊接接头形式有_____、_____、_____和_____等。
5. 你实习时所用的焊机名称是_____，型号是_____。

三、选择题（10 分）

1. 手工电弧焊时，正常的电弧长度为（   ）。
   （A）等于焊条直径
   （B）大于焊条直径
   （C）小于焊条直径

2. 手工电弧焊开坡口的目的是（   ）。
   （A）提高生产率
   （B）保证焊透
   （C）减少焊接电流

3. 焊接 4 mm 钢板时，坡口形状是（   ）。
   （A）V 形坡口
   （B）X 形坡口
   （C）I 形坡口

4. 焊接电流过大时，会造成（   ）。
   （A）熔宽增大，熔深减小
   （B）熔宽减小，熔深增大
   （C）熔宽和熔深都增大

5. 焊接变形是由于（　　　　）。

（A）焊接时焊件上温度分布不均匀而产生的应力造成的

（B）焊接速度过快而造成的

（C）焊接电流过大而造成的

四、简答题（20 分）

1. 电焊条由哪几部分组成？各组成部分起什么作用？你选用的是哪种焊条？简述其中符号和数字表示的意义。

2. 何谓焊接的工艺参数？选用原则是什么？

3. 焊条的操作运动（运条）是由哪些运动合成的？各有什么含义？

4. 什么是手工电弧焊？简述其工作原理。

五、对接平焊的步骤（40 分）

六、实习态度、出勤情况（10 分）

金工实习报告（焊接2）

班级：_____ 学号：_____ 姓名：_____ 成绩：_____ 教师签名：_____ 日期：_____

一、判断题（10分）

1. 手弧焊机的空载输出电压一般为 220 V 或 380 V。（　　　）

2. 交流和直流弧焊机都有正、负接法，使用时要注意极性。（　　　）

3. 焊接速度过慢，不仅焊缝的熔深和焊缝宽度增加，薄件还易烧穿。（　　　）

4. 焊接时，焊接电流越大越好。（　　　）

5. 碱性焊条只适合直流弧焊机使用。（　　　）

二、填空题（10分）

1. 焊接是指通过_____或_____的手段，用或者不用填充材料，使两个分离的固态物体产生_____而成为一体的连接方法。

2. 你实习时所用的焊机名称为_____，型号为_____，初始电压为_____，额定电流为_____，电流调节范围为_____。

3. 焊条是由_____和_____两部分组成。你实习操作的焊条牌号是_____，焊条直径_____mm。

4. 气焊设备包括：_____、_____、_____和_____等。

5. 气焊火焰有三种不同性质的火焰：_____、_____和_____，常用来焊接碳钢和有色金属的是_____。

三、选择题（10分）

1. 焊条规格的表示方法是（　　　）。
   （A）焊芯直径
   （B）焊芯长度
   （C）焊芯加药皮的直径

2. 对钎焊的钎料熔点的要求是（　　　）。
   （A）低于母材的熔点
   （B）高于母材的熔点
   （C）与母材的熔点相等

3. 气焊点火时，应（　　　）。
   （A）先打开氧气阀门，后打开乙炔阀门
   （B）先打开乙炔阀门，后打开氧气阀门
   （C）氧气阀门和乙炔阀门同时打开

4. 焊接变形是由于（　　　）。
   （A）焊接时焊件上温度分布不均匀而产生的应力造成的

（B）焊接速度过快而造成的

（C）焊接电流过大而造成的

5. 氧气和乙炔的混合比为 1.1～1.2 时，燃烧形成的火焰是（　　）。

（A）氧化焰　　　　　　（B）中性焰　　　　　　（C）碳化焰

四、简答题（20 分）

1. 用手弧焊对接平焊 3 mm 的板料（Q235-A）时，怎样确定焊条的直径与焊接电流？

2. 什么是气焊？原理如何？特点和应用如何？

3. 在表 3.1 中用简图表示对接接头常见的坡口形式。

表 3.1

名称				
简图				

4. 焊接两块厚度为 5 mm 的钢板（对接），有下列两种方案，试分析其中哪一种较优，为什么？

方案一　清理→装配→点固→焊接→焊后清理；

方案二　清理→装配→焊接→焊后清理。

五、对接平焊的步骤（40 分）

六、实习态度、出勤情况（10 分）

金工实习报告（焊接 3）

班级：_____　学号：_____　姓名：_____　成绩：_____　教师签名：_____　日期：_____

一、判断题（10分）

1. 受潮的焊条需经烘干后才能使用。（　　　）
2. 气焊时如发生回火，首先应立即关闭乙炔阀门；然后关闭氧气阀门。（　　　）
3. 气割时，首先应将切割件待切割处的金属预热到熔点。（　　　）
4. 坡口的主要作用是保证焊透。（　　　）
5. 电弧焊时，焊接接头的形式一般采用搭接接头。（　　　）

二、填空题（10分）

1. 焊接是指通过_____或_____的手段，通过用或者不用填充材料，使两个分离的固态物体产生_____而成为一体的连接方法。
2. 手弧焊机按供电的电流性质不同，可分为_____和_____。
3. 直流电焊时，焊较薄的工件应采用_____接法，焊较厚的工件应采用_____接法。
4. 气焊设备包括：_____、_____、_____和_____等。
5. 气焊火焰有三种不同性质的火焰：_____、_____和_____，常用来焊接碳钢和有色金属的是_____。

三、选择题（10分）

1. 焊条规格的表示方法是（　　　）。
   （A）焊芯直径
   （B）焊芯长度
   （C）焊芯加药皮的直径

2. 为保证安全，气焊结束时，关闭气阀的程序是（　　　）。
   （A）先关闭氧气阀门，然后关闭乙炔阀门
   （B）同时关闭乙炔阀门和氧气阀门
   （C）先关闭乙炔阀门，然后关闭氧气阀门

3. 氧化焰的是由（　　　）组成的。
   （A）内焰
   （B）焰心和外焰
   （C）焰心、内焰和外焰

4. 氧气和乙炔的混合比为 1.1～1.2 时，燃烧形成的火焰是（　　　）。
   （A）氧化焰　　　　（B）中性焰　　　　（C）碳化焰

5. 焊波变尖、焊缝宽度和熔深增加的原因是（　　）。

（A）焊接电流太大

（B）焊接速度太慢

（C）焊接电流太小

四、简答题（20 分）

1. 气焊、气割常用设备和工具有哪几种？

2. 电焊条由哪几部分组成？各组成部分起什么作用？你选用的是哪种焊条？简述其中符号和数字表示的意义。

3. 用手弧焊焊接表 3.2 所列厚度的低碳钢板（平焊），将焊接规范参数的大小填于表中。

表 3.2　平焊尺寸

钢板厚度/mm	1.5	3	5
焊条直径/mm			
焊接电流/A			

4. 标出图 3.1 所示气焊工作系统图中各装置的名称，并简述其用途，列于表 3.3 中。

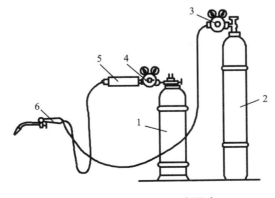

图 3.1　气焊工作系统图表

表 3.3 装置的名称和用途

序 号	名 称	用 途
1		
2		
3		
4		
5		
6		

五、对接平焊的步骤（40分）

六、实习态度、出勤情况（10分）

第4章 车 工

4.1 目的与要求

1. 目 的

（1）了解车削加工的加工范围和加工特点。

（2）掌握车床的分类，普通卧式车床的编号、组成及各组成部分的作用。

（3）了解普通卧式车床传动系统的组成及其传动路线。

（4）掌握车刀的种类及应用，车刀的组成、刃磨及安装。

（5）熟悉车床附件种类及工件的安装。

（6）掌握车床的操作要点，并能正确选择切削用量。

（7）熟悉车削加工的安全生产技术知识。

（8）熟练掌握外圆、平面、台阶、孔、锥度、切槽、切断的操作技术。

2. 要 求

对实习一周的要求：

（1）熟练掌握车床各手柄的操作，会正确使用刻度盘。

（2）能正确使用各量具检测工件。

（3）能独立按技术要求完成外圆、平面、台阶、矩形槽的加工。

对实习两周的要求：

（1）达到上述实习一周的要求。

（2）能独立完成中心孔、通孔、锥度、切断的操作。

（3）能自行检测工件。

对实习三周的要求：

（1）能达到上述实习两周的要求。

（2）对简单工件的车削过程进行工艺分析，并制定合理的工艺路线。

（3）对车削完的工件进行检验，并能分析误差产生的原因。

4.2 车工的基础知识

车削加工是机械加工中最常用的一种方法，它是在车床上利用工件的旋转和刀具的移动来加工各种回转体表面，其中包括内外圆柱面、内外圆锥面、内外螺纹、成形面，还可以加工端面、沟槽以及滚花等。车削加工时，工件的旋转运动为主运动，刀具相对工件的横向或纵向移动为进给运动。车床的加工范围如图 4.1 所示。

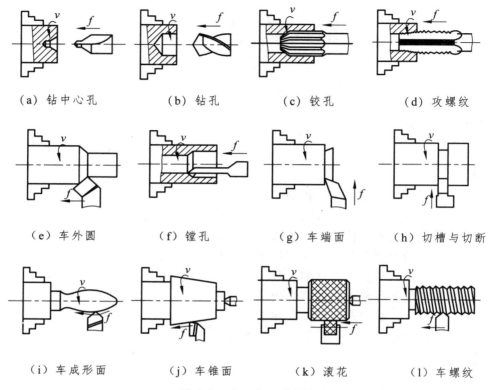

（a）钻中心孔　　　（b）钻孔　　　（c）铰孔　　　（d）攻螺纹

（e）车外圆　　　（f）镗孔　　　（g）车端面　　　（h）切槽与切断

（i）车成形面　　　（j）车锥面　　　（k）滚花　　　（l）车螺纹

图 4.1　车工加工范围

车削加工的特点：

（1）适应性强，应用广泛，适用于加工不同材质、不同精度的各种旋转体类零件。

（2）所用的刀具结构简单，制造、刃磨和安装都较方便。

（3）切削力变化小，较刨削、铣削等切削过程平稳。

（4）可选用较大的切削用量，生产率较高。

（5）车削加工精度较高，一般所能达到的尺寸公差等级为 IT8～IT7，表面粗糙度 Ra 值为 12.5～0.8 μm。

4.3　普通卧式车床

根据国标规定，车床编号均采用汉语拼音字母和阿拉伯数字按一定规则组合编码，以表示机床的类型和主要规格。以普通车床 C6132 为例，编号中各字母与数字所表示的含义为：

C —— 车床汉语拼音的第一个字母（大写）；

6 —— 代表组别代码，为落地及卧式车床组；

1 —— 代表系别代号，为卧式车床；

32 —— 代表机床的基本参数，即最大切削工件直径的 1/10，为 320 mm。

C6132 型普通车床的组成部分主要有床身、变速箱、主轴箱、进给箱、溜板箱、刀架、尾座等。

4.4　车刀的安装

车刀的安装对它的使用效果影响很大，进而影响到切削过程能否顺利进行和工件的加工质量。如果车刀安装得不正确，即使车刀的几何角度合适，车刀的工作角度也会不合适。车刀安装时应注意以下问题：

（1）刀尖对准尾座顶尖，确保刀尖与车床主轴线等高。

（2）刀杆应与工件轴线垂直。

（3）刀头伸出长度小于刀具厚度的 2 倍（按 1.5 倍），防止车削时振动。

（4）刀具应垫好、放正、夹牢。尽量用厚垫片，以减小垫片数量，一般不超过 2～3 片。

（5）装好工件和刀具后，检查车刀在工件的加工极限位置时有无相互干涉或碰撞的可能。

4.5　工件的安装

为了满足机床上加工工件的不同的工艺要求，正确地安装工件是必需的。在车床上安装工件时，一般应使加工表面的中心线与车床主轴的中心线重合。车床上常用的装夹附件有三爪卡盘、四爪卡盘、顶尖、中心架、跟刀架、花盘、心轴和弯板等。

三爪卡盘是车床上最常用的通用夹具。三爪卡盘能自动定心，但定心精度不高（跳动误差可达 0.05～0.15 mm，且重复定位精度较低），夹紧力较小。三爪卡盘还附带三个"反爪"，换到卡盘体上即可用来安装直径较大的工件。常见的三爪卡盘装夹工件的方式如图 4.2 所示，适用于安装截面为圆形或正六边形的短轴类或盘类工件。

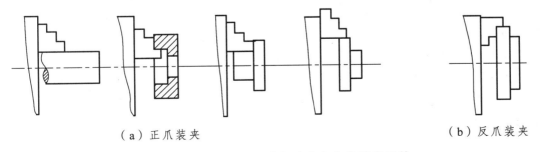

（a）正爪装夹　　　　　　　　　　　　　　　（b）反爪装夹

图 4.2　三爪自动定心卡盘装夹工件

4.6　车床操作要点

4.6.1　正确使用车床刻度盘

车床刻度盘上有一定的刻度值（单位为 mm），是车削时用以控制切削深度和走刀量行程的。加工外圆时，车刀向工件中心切进称为进刀，车刀逐渐离开工件中心称为退刀；加工内孔时，则正好相反。进刀量与退刀量的大小可以从刻度盘上读出，刻度值的大小与手摇丝杠螺距和刻度盘格数有关，刻度值可按下列公式计算：

$$S = \frac{P_{丝}}{n_{格}} \quad （mm）$$

式中　　S ——刻度盘每转一格横向刀架移动的距离，mm；

　　　　$P_{丝}$ ——横向手柄丝杠螺距，mm；

　　　　$n_{格}$ ——刻度盘总格数。

如车床横向手柄的刻度盘上共有 100 个格，横向手柄丝杠的螺距为 5 mm，当横向手柄转过一个格，则刀架向前或向后移动距离为 0.05 mm。

4.6.2　正确安排车削步骤

1．对　刀

对刀的目的是能够较难确地控制背吃刀量，防止盲目进刀，以免产生废品或引起事故。对刀的方法是：先使工件旋转，将刀尖慢慢接近工件，当刀尖接触工件时，将车刀纵向右移远离工件，记下横向手柄刻度的读值，然后准备试切、试量。

2．试切、试量

试切、试量是精加工的关键。工件在车床上安装后，要根据工件的加工余量来决定背吃刀量和走刀次数。粗车时，可根据刻度盘来进刀；而半精车和精车时，为了保证工件的尺寸精度，只靠刻度盘进刀是不行的。因为刻度盘和丝杠都有误差，往往不能满足半精车和精车的要求，这就需要采用试切的方法。完成了对刀后，按背吃刀量或零件的直径要求，根据中滑板刻度上的数值进行切削，并手动纵向切进 1～3 mm，然后向右纵向退刀。进行测量，如果尺寸合格了，就按该切削深度将整个表面加工完；如果尺寸偏大或偏小，就重新进行试切，直到尺寸合格为止。试切可以避免由于切削用量选择不当或因刀具刃磨、安装等方面原因造成的失误，使车削工作顺利进行。试切法就是通过试切—调整—再试切，反复进行到被加工尺寸达到要求为止的加工方法。

3．粗车与精车

零件的一个表面车削往往需要多次走刀才能完成。常把车削加工分为粗车和精车。先粗车，后精车，这样可以保证加工质量，提高生产率。

4.7　车床基本操作过程

4.7.1　车外圆

外圆车削是车削加工中最基本、最常见的加工方法。常用的外圆车刀有普通外圆车刀、弯头刀和偏刀，如图 4.3 所示。普通外圆车刀用来加工外圆面；45°弯头刀既可加工外圆面，又可加工端面；90°偏刀用来加工带垂直台阶的外圆和端面。在车削细长轴时，为减小背向力，防止工件被顶弯，也常用 90°偏刀车外圆面。

车外圆时，除了要保证图样的标注尺寸、公差和表面粗糙度外，还应注意形位公差的要求，如垂直度和同轴度的要求。

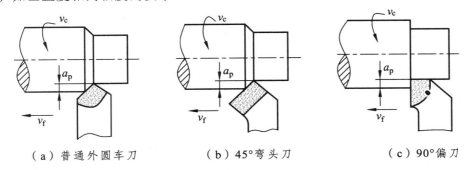

（a）普通外圆车刀　　　　　（b）45°弯头刀　　　　　　（c）90°偏刀

图 4.3　外圆车削及常用车刀

4.7.2　车端面

端面经常作为零件轴向的定位、测量基准，车削加工中一般首先将其车出。端面车削方法如图 4.4 所示。

45°弯头车刀车端面时，参加切削的是车刀主切削刃，切削顺利。因此，工件表面粗糙度小，适用于车削较大的平面。右偏刀车端面时，参加切削的是车刀的副切削刃，切削起来不顺利，表面粗糙度较大，它适用于车削带台阶和端面的工件。对于有孔的工件，用右偏刀车端面时是由中心向外进给，这时是用主切削刃切削，切削顺利，表面粗糙度较小。

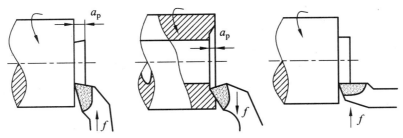

（a）右偏刀车端面　　　（b）右偏刀车带孔端面　　　（c）左偏刀车端面

图 4.4　端面车削及常用车刀

车端面时应注意以下几点：

（1）车刀的刀尖应对准工件的回转中心，否则会在端面中心留下凸台。

（2）工件中心处的线速度较低，为获得整个端面上较好的表面质量，车端面的转速比车外圆的转速高一些。

（3）车削直径较大的端面时应将床鞍锁紧在床身上，以防由床鞍让刀引起的端面外凸或内凹。此时用小滑板调整背吃刀量。

（4）精度要求高的端面，亦应分粗、精加工。

4.7.3　车台阶

台阶面是一定长度的圆柱面和端面的组合，很多轴、套、盘类工件都有台阶面。台阶的高、低由相邻两段圆柱体的直径所决定。高度小于 5 mm 的低台阶，加工时用正装的90°偏刀在车外圆时车出；高度大于 5 mm 的高台阶，用主偏角大于 90°（91°～93°）的右偏刀在车外圆时，分层、多次横向走刀车出。台阶车削方法如图 4.5 所示。

为使台阶长度符合要求，可用刀尖预先车出比台阶长度略短的刻痕作为加工界限。要求较低的台阶长度可直接用大拖板刻度盘来控制；长度较短、要求较高的台阶可用小拖板刻度盘控制其长度。

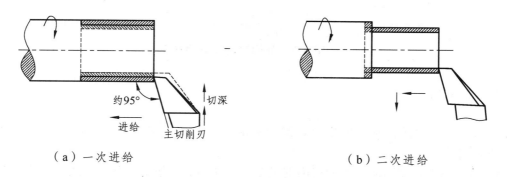

（a）一次进给　　　　　　　　　　　　　（b）二次进给

图 4.5　车台阶

4.7.4　切断与切槽

切断主要用于圆棒料按尺寸要求下料或把加工完成的工件从坯料上分离下来。切断用的刀具是切断刀。切断一般在卡盘上进行，工件的切断处应靠近卡盘，避免在靠近顶尖处切断。切断时要尽可能减小主轴以及刀架滑动部分的间隙，以免工件和车刀振动，使切削难以进行。即将切断时，需放慢进给速度，以免刀头折断。与车端面类似，切断刀刀尖也必须与工件中心等高，否则刀头容易损坏。在三爪自定心卡盘上切断的方法如图 4.6 所示。

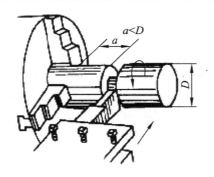

图 4.6　在三爪自定心卡盘上切断

切槽与车端面很相似，切槽用的刀具是切槽刀，其结构与切断刀相似。切 5 mm 以下的窄槽，可以使主切削刃和槽等宽，一次切出。刀具安装时，主切削刃平行于工件轴线，刀尖与工件轴线在同一高度。切宽槽时，可分几次来完成，先沿纵向分段粗切，再精切，切出槽深及槽宽。切宽槽的方法如图 4.7 所示。

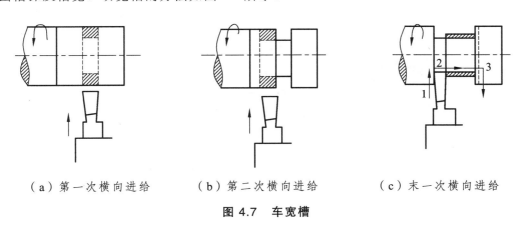

（a）第一次横向进给　　　　（b）第二次横向进给　　　　（c）末一次横向进给

图 4.7　车宽槽

4.7.5　钻孔、车孔

在车床上可以进行多种孔的加工工作，包括钻孔、扩孔、铰孔、镗孔等。

1. 车床上钻孔

车床上钻孔如图 4.8 所示。工件用卡盘装夹，钻头装在尾架上，工件旋转为主运动，摇动尾架手轮可使钻头作纵向进给运动。钻头锥柄和尾架套筒的锥孔必须擦干净、套紧。钻孔前先将工件端面车平，必要时再用短钻头或中心钻在工件中心预钻出小坑，以免将孔钻偏。钻孔时因排屑困难，又不易散热，因此转速不宜过高。切削速度应根据孔径大小而定，通常为 0.3～0.6 m/s。钻头进给要缓慢，而且还要退出钻头进行排屑和冷却。孔即将钻通时，尤其应注意减小进给速度，以防折断钻头。孔被钻通后，退出钻头。

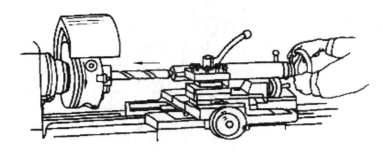

图 4.8　在车床上钻孔

2. 车床上车孔

车床上车孔如图 4.9 所示车不通孔或具有直角台阶的孔，车刀可先做纵向进给运动，切至孔的末端时车刀改做横向进给运动，再加工内端面。这样可使内端面与孔壁衔接良好。车削内孔凹槽，将车刀伸入孔内，先做横向进刀，切至所需的深度后再做纵向进给运动。

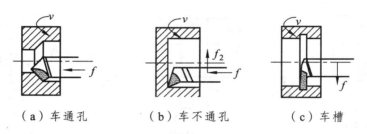

（a）车通孔　　　　　（b）车不通孔　　　　　（c）车槽

图 4.9　在车床上车孔

车床上车孔是工件旋转、车刀移动，孔径大小可由车刀的切深量和走刀次数予以控制，操作较为方便。

4.7.6　车锥面

常用的标准圆锥有下列两种：

1. 莫氏圆锥

莫氏圆锥是在机器制造业中应用最广泛的一种，如车床主轴锥孔、顶尖、钻头柄、铰刀柄等都用莫氏圆锥。莫氏圆锥分成 7 个号码，即 0、1、2、3、4、5 和 6 号，最小的是 0 号，最大的是 6 号。但它的号数不同，锥度也不相同。由于锥度不同，所以斜角 α 也不同。

2. 公制圆锥

公制圆锥有 8 个号码，即 4、6、80、100、120、140、160 和 200 号。它的号码就是指大端直径，锥度固定不变，即 $K=1:20$。例如 80 号公制圆锥，它的大端直径是 80 mm，锥度 $K=1:20$。

常用的锥面车削方法有小拖板转位法、偏移民架法、宽刀法和靠模法。此处只介绍小拖板转位法。

　　如图 4.10 所示，将小拖板旋转一定的角度（可通过中拖板上的刻度确定）紧固转盘后，可以转动小拖板手柄使车刀斜向进给车出圆锥面。此法操作简单，但受小刀架行程的限制，只能加工短锥面。由于不能自动进给，锥面粗糙度值较高。

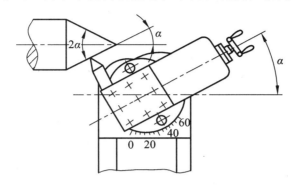

图 4.10　小刀架转位法

3. 锥　度

　　锥度 C：最大圆锥直径 D 与最小圆锥直径 d 之差对圆锥长度之比（见图 4.11），即

$$C = \frac{D-d}{L}$$

锥度 C 与圆锥角 α 的关系：

$$C = 2\tan\frac{\alpha}{2} = 1 : \frac{1}{2}\cot\frac{\alpha}{2}$$

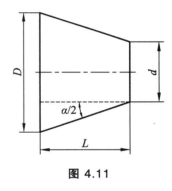

图 4.11

车削锥体尺寸的控制方法：

　　① 计算法：大端尺寸与小端尺寸之差的一半就是车刀的进刀深度。

　　② 移动床鞍法：根据要车削的圆锥长度，使车刀轻轻接触工件小端表面，接着移动小拖板，使车刀离开工件平面一个圆锥长度的距离，然后移动床鞍使车刀同工件平面接触，这时虽然没有移动中滑板，但车刀已切入一个需要的深度。

　　③ 移动小拖板法：在要车削锥度长度位置的外圆处对刀，记下中拖板刻度，大拖板不动，中拖板横向退刀，摇动小拖板退刀使之离开端面，然后中拖板进刀进到先前对刀的刻度，再摇动小拖板车削。

4.8　车工操作安全文明要求

　　（1）操作前长发必须盘在工作帽内，操作时严禁戴手套。

　　（2）必须熟悉机床的构造、性能、特点及操作方法，方可操作。

（3）工作前详细检查机床各转动部位的安全防护及保险装置是否安全可靠。工作中机械或电气部位发生故障时，应立即停机、断电，并找有关人员处理。

（4）工作中严禁用手触摸旋转的工件及其他转动部分，以防发生事故。

（5）主轴变速、更换齿轮，上、下工件及测量工件时，要停机处理。

（6）切削时，头部不能离卡盘、刀具太近，以防卡盘爪、切屑伤人。

（7）清除切屑时要用专用的钩子，严禁用手直接清除。及时处理机床周围的切屑，防止划伤。工件转动时，不准用棉砂擦拭工件。

（8）严禁在开机状态下拆装卡盘。

（9）工件、车刀必须安装牢固，卡盘、花盘等必须装上保险装置，以防发生事故。

（10）工件装卸后，应立即取下卡盘扳手；加工细长轴时，应用中心架或跟刀架。

（11）身体不要靠近夹持工件的卡盘、拨盘、鸡心夹等突出的部分，以防绞住衣服。

（12）离开机床时要切断电源。

金工实习报告（车工 1）

班级：_____ 学号：_____ 姓名：_____ 成绩：_____ 教师签名：_____ 日期：_____

一、填空题（10 分）

1. 普通车床的组成部分主要有_____、_____、_____、_____、_____、_____、_____等。

2. 车削时，主运动是_____，进给运动是_____。

3. 车床是利用工件的_____和刀具相对于工件的_____来加工工件的。

4. 车削加工过程中的_____、_____、_____总称为切削用量。

5. 对于 0～150 mm 的游标卡尺而言，主尺每一小格为_____mm，副尺每一小格为_____mm。

二、判断题（10 分）

1. 卡盘扳手使用完毕后必须及时取下，否则不能启动机床。（   ）

2. 要改变转速，必须停车进行。（   ）

3. 车削前小拖板应调整到合适的位置，以防止小拖板导轨碰撞卡盘爪而发生安全事故。（   ）

4. 车削中，车刀刀尖运动轨迹若平行于工件轴线为车端面。（   ）

5. C6132 车床主轴经过变速后，有 12 种转速。（   ）

三、简答题（20 分）

1. 指出车床型号 C6132 中各字母与数字的含义。

2. 指出外圆车刀各组成部分的名称及其作用。

四、操作题（50分）

第一次实习：以铸铁棒为毛坯料，按图 4.12 所示工件的尺寸和技术要求，进行粗、精车外圆和端面。

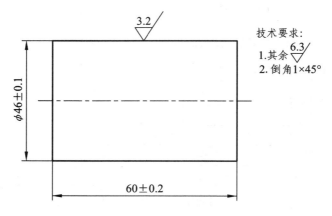

图 4.12

第二次实习：以图 4.12 加工后的来料为原料，按图 4.13 所示工件的尺寸和技术要求进行台阶车削。

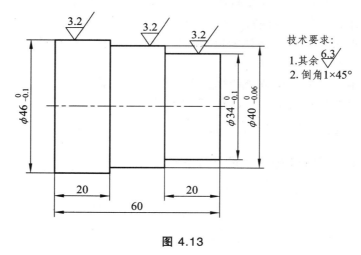

图 4.13

五、实习态度、出勤情况（10分）

金工实习报告（车工 2）

班级：_____ 学号：_____ 姓名：_____ 成绩：_____ 教师签名：_____ 日期：_____

一、填空题（10 分）

1. 车削加工精度较高，一般所能达到的尺寸公差等级为，表面粗糙度 Ra 值为_____。

2. 变速箱内有_____，电动机的转速传给变速箱，经变速箱传到_____，主轴可获得不同的转速。

3. 弯头外圆车刀，用来车削工件的_____、_____和_____。

4. 一把车刀用钝以后，必须_____，以恢复车刀原来的_____，提高刀具的切削性能，保证加工件的质量。

5. 切削加工过程中的_____、_____和_____总称为切削用量。

二、判断题（10 分）

1. 安装车刀时，刀尖不应对准尾座顶尖。（   ）

2. 刃磨高速钢车刀时，发热后应置于水中冷却。（   ）

3. 粗加工时应先考虑用大的背吃刀量，然后选取一定的切削速度，最后选择大的进给量。（   ）

4. 工件装卸后，卡盘扳手不应立即取下。（   ）

5. 精度要求高的端面，应分粗、精加工。（   ）

三、简答题（20 分）

1. 指出车床各部分的名称及作用。

2. 车刀按其用途是如何进行分类的？

四、操作题（50 分）

第三次实习：以图 4.13 加工后的来料为原料，按图 4.14 所示工件的尺寸和技术要求进行矩形槽车削。

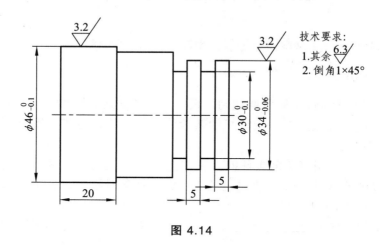

图 4.14

五、实习态度、出勤情况（10 分）

金工实习报告（车工 3）

班级：_____　学号：_____　姓名：_____　成绩：_____　教师签名：_____　日期：_____

一、填空题（10 分）

1. 车削加工时，工件的旋转运动为_____，刀具相对工件的横向或纵向移动为_____。

2. 光杠、丝杠将进给箱的运动传给溜板箱，自动走刀用_____，车削螺纹用_____。

3. _____车刀用来车削各种特殊形面的工件。

4. 四爪卡盘比三爪卡盘的夹紧力_____，由于四个卡爪单独调节，因此不能自动定心，但通过_____可达到很高的精度。

5. 在车床上加工长度较长或工序较多的轴类零件时，为了保证每道工序内及各道工序间的加工要求以及同轴度要求，往往用_____来装夹工件。

二、判断题（10 分）

1. 工作中严禁用手触摸旋转的工件及其他转动部分，以防发生事故。（　　）

2. 车刀安装时垫片数量可以超过 2～3 片。（　　）

3. 刃磨时，人要站在砂轮前面。（　　）

4. 普通车床 C6132，6 代表组别代码，为落地及卧式车床组。（　　）

5. 溜板箱内装进给传动的变速机构以调整进给量，或在车螺纹时调整螺纹的螺距。（　　）

三、简答题（20 分）

1. 车削通孔、盲孔、台阶孔的注意事项有哪些？各有什么技术要求？

2. 车削圆锥面的方法有哪些？分别适用于哪种生产规模？

四、操作题（50 分）

第四次实习：以图 4.14 加工后的来料为原料，按图 4.15 所示工件的尺寸和技术要求，进行锥度的车削。

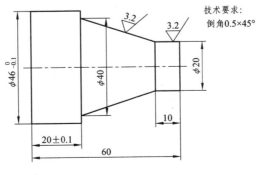

图 4.15

第五次实习：以图 4.15 加工后的来料为原料，按图 4.16 所示工件的尺寸和技术要求进行孔的加工。

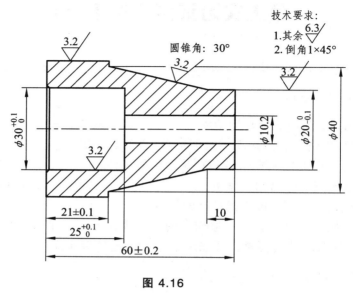

图 4.16

五、实习态度、出勤情况（10 分）

第 5 章 钳 工

5.1 目的与要求

1. 目 的

（1）了解常用钳工的分类、特点及应用。

（2）熟悉设备的名称、型号、规格、性能和结构。

（3）掌握钳工的零件测量、划线、錾削、锯割、锉削、钻孔、攻丝及套丝等基本操作方法。

（4）了解常用工、夹、量具的名称、规格、用途、使用规则和维护保养方法。

（5）掌握钳工工具的操作要点，并了解常见缺陷及其产生的原因和避免措施。

（6）掌握钳工的操作要点，并熟悉正确的操作方式。

（7）熟悉钳工工作原理、特点及其应用。

（8）熟悉钳工的安全生产技术知识。

（9）了解钳工在机械制造和维修中的地位与重要性。

2. 要 求

（1）掌握钳工主要工作（划线、锯、锉、钻、攻丝、套丝）的基本操作方法，并能独立选用各操作方法所用的工、夹、量具。

（2）掌握工具的操作和使用方法。

（3）熟悉并严格遵守安全操作规程。

（4）在指导老师的指导下，能够按时按质独立地完成要求的作品。

（5）完成作品后，准确检验纠正，并能分析出问题所在。

5.2 钳工的基础知识

5.2.1 钳工的特点

钳工是手持工具对夹紧在钳工工作台虎钳上的工件进行切削加工的方法，是一种比较复杂、细致、工艺要求高的工作。其基本操作有划线、錾削、锯削、锉削、钻孔、扩孔、铰孔、攻螺纹、套螺纹、刮削、研磨和装配等。钳工劳动强度大，生产率低，对工人的技术要求较高，但所用的工具简单、操作灵活方便，可以完成用机械加工不方便或无法完成的工作。因此，钳工在机械制造业和修配中仍占着十分重要的地位，是切削加工中不可缺少的一个组成部分。

钳工的工作内容可分为：

（1）辅助性操作，即划线，它是根据图样在毛坯或半成品工件上划出加工界线的操作。

（2）切削性操作，有錾削、锯削、锉削、攻螺纹、套螺纹、钻孔（扩孔、铰孔）、刮削和研磨等多种操作。

（3）装配性操作，即装配，它是将零件或部件按图样技术要求组装成机器的工艺过程。

（4）维修性操作，即维修，是对在役机械、设备进行维修、检查、修理的操作。

5.2.2 钳工常用设备

1. 钳工桌

钳工桌是钳工专用的工作台，是用来安装台虎钳、放置工具和工件的。钳工桌有木制的和钢制的，要求坚实、平稳，台面高度 800～900 mm，长度和宽度可随工作需要而定，台上装有防护网。台面下有几个抽屉，用来收藏工具。

2. 砂轮机

砂轮机用来刃磨钳工用的各种刀具或磨制其他工具，也可用来磨去工件或材料上的毛刺、锐边等。它由砂轮、电动机、砂轮机座、托架和防护罩等组成。

3. 台虎钳

台虎钳是装在钳桌上，用来夹持工件的通用夹具，其规格以钳口的宽度表示，有100 mm、125 mm 和 150 mm 等。台虎钳有固定式和回转式两种。回转式台虎钳由于使用较方便，故应用较广。

4. 钻 床

（1）台式钻床：简称台钻，是一种放在钳工桌上使用的小型钻床。钻孔时主轴的进给靠操作人员手压进给手柄。台钻小巧灵活，使用方便，用于加工小型工件上的孔，最大钻孔直径为 13 mm。

（2）立式钻床：简称立钻，配有主轴变速箱和进给箱，可自动进刀，可用多种刀具进行钻孔、扩孔、铰孔、攻丝等，用于加工中小型工件上的孔，最大钻孔直径为 75 mm。

（3）摇臂钻床：简称摇钻，摇臂带动主轴箱沿立柱垂直移动或在摇臂上横向移动，可调整刀具位置，用于加工笨重、大型、复杂工件或多孔加工，最大钻孔直径为 120 mm。

（4）其他钻床：主要是深孔钻床、数控钻床等。

5.2.3 钳工基本操作中常用工量具

钳工常用工具有划线用的划针、划线盘、划规、中心冲（样冲）和平板，錾削用的手锤和各种錾子，锉削用的各种锉刀，锯削用的锯弓和锯条，孔加工用的各类钻头、锪钻和铰刀，攻、套螺纹用的各种丝锥、板牙和绞杠，刮削用的各种刮刀以及各种扳手和旋具等。

钳工常用量具有钢尺、刀口形直尺、内外卡钳、游标卡尺、千分尺、90°角尺、角度尺、塞尺、百分表等。

5.3 钳工基本操作

5.3.1 划 线

在毛坯或工件上，用划线工具划出待加工部位的轮廓线或作为基准的点和线，这项操作叫作划线。只需在一个平面上划线即能满足加工要求的，称为平面划线；要同时在工件上几个不同方向的表面上划线才能满足加工要求的，称为立体划线。划线是钳工工作中一个非常重要的环节，直接影响零件加工和加工余量的多少。

1. 划线的作用

（1）确定工件上各加工面的加工位置和加工余量。

（2）可全面检查毛坯的形状和尺寸是否符合图样，是否满足加工要求。

（3）当在坯料上出现某些缺陷的情况下，往往可通过划线时所谓"借料"的方法，来达到一定的补救。在板料上按划线下料，可做到正确排料，合理使用材料。

2. 划线工具

（1）钢直尺：是由不锈钢制成的一种直尺，用于测量工件的长度、宽度、高度和深度，也可作直尺划线。钢直尺的规格有 150 mm、300 mm、500 mm、1 000 mm 四种规格。钢直尺测量出的数值误差比较大，1 mm 以下的小数值只能靠估计得出，因此不能用作精确的测定。

（2）划线平板：是划线的基本工具，用铸铁制成，其表面的平整性直接影响划线的精度，安装时要使划线平板的平面保持水平。平板各处要均衡使用，要保持表面清洁，防止杂物划伤、重物撞击或用锤敲击面板，避免局部磨凹，影响平整性，降低准确度。

（3）划针：是平面划线工具，常与钢直尺、90°角尺等导向工具配合使用。划针用工具钢或弹簧钢丝制成，其端部淬火后磨尖，也可在端部焊接硬质合金后磨尖。划线时要做到一次划成，不要重复划。

（4）划规：是平面划线工具，用于划圆、圆弧、等分线段、等分角度以及测量尺寸等。钳工用的划规有普通划规、弹簧划规、长划规。划规的脚尖必须坚硬，使用时才能在工件表面划出清晰的线条。

（5）宽座90°角尺：角尺是钳工常用的测量工具，它是用来划垂直或平行线的导向工具，还可用来校正工件在平台上的垂直位置。

（6）游标高度尺：是高度尺和划针盘的组合体，是一种精密工具，读数值一般为 0.02 mm，用于半成品划线，不能在毛坯上划线。

（7）样冲：是用来在工件的划线上打出样冲眼的工具。冲眼可使划出的线条具有永久性的标记，以备所划的线模糊后，仍能找到原线的位置，也可作为圆心的定心。冲眼时，冲尖要对准线条的交点，样冲向外倾斜，将样冲放正垂直于工件，用锤子轻打样冲。冲眼距离根据线条长短而定，放在长直的线段冲眼间距应大些，短的线段冲眼间距应小些。对薄壁零件冲眼时要浅些，禁止在精加工表面冲眼。

（8）分度头：是用来对工件进行等分、分度的重要工具。划线时，把分度头放在划线平板上，将工件夹持，即可对工件进行分度、等分、划水平线、垂线、倾斜线等，其方法简单，适用于大批量中、小零件的划线。

3. 划线涂料

为了使工件上划出的线条清晰，划线前需在划线部位涂上一层涂料。根据需划线工件的材料及划线位置选用涂料。常用涂料如下：

（1）白喷漆：用于铸、锻件毛坯工件划线。

（2）蓝油：用于已加工表面的划线。

此外，小毛坯件可涂粉笔，一些半成品可擦硫酸铜溶液涂料。使用时都应涂得薄而均匀，才能保证划线清晰，防止脱皮。

5.3.2　锯　削

用手锯对金属材料进行切断或在工件上锯出槽的操作称为锯削。锯削是钳工中去除多余材料的工作。锯前准确与否影响加工余量的多与少，也影响锉削工作量的多与少。

1. 锯削工具

手锯是钳工上用来进行锯切的手动工具，手锯由锯弓和锯条两部分组成。锯弓是用来安装和张紧锯条的，有可调式和固定式两种。固定式锯弓只能安装一种长度的锯条，可调式锯弓通过调整可安装几种长度的锯条，且可调式锯弓的锯柄形状便于手握及用力，因此被广泛使用。

锯条在锯削时起切削作用，用碳素工具钢经淬火处理而成。锯条的长度是以其两端安装在孔的中心距来表示的，常用的锯条长度为 300 mm，厚度为 0.8 mm。锯条根据锯齿的牙距大小，分为细齿（1.1 mm）、中齿（1.4 mm）和粗齿（1.8 mm）。根据所锯材料的软硬和厚薄来选用，粗齿锯条适宜锯削软金属（如铜、铝、铸铁和中、低碳钢等）且较厚的工件，细齿锯条适宜锯削硬金属（如工具钢、合金钢、角铁等）和薄壁管子的工件。

2. 锯削操作要点

（1）握法：右手满握锯柄，左手轻扶在锯弓前端，如图 5.1 所示。

（2）压力：锯削时，右手控制推力与压力，左手配合右手扶正锯弓向前移动，压力不要过大。返回时不切削，不加压力作自然拉回。工件将要断时压力要小。

（3）运动和速度：手锯推进时，身体略向前倾，左手上翘，右手下压，回程时右手上抬，左手自然跟回。锯削运动的速度一般为 40 次/min 左右，锯削硬材料要慢些，锯削行程应保持均匀，返回时应相对快些。

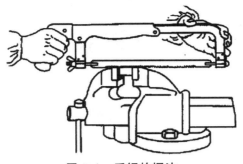

图 5.1　手锯的握法

3. 锯削操作方法

（1）安装锯条：根据工件的材料种类及锯削厚度选择相应的锯条。手锯是在前推时才起切削作用，故安装时应使齿尖的方向朝前，如图 5.2 所示。安装时松开锯弓的调节螺钉，把锯条的两个孔装在锯弓两头的柱上，注意锯条的齿要向前，双手拉动锯弓，锯弓的上面一定要在槽内，拧紧调节螺钉。在调节锯条时，太紧会折断锯条，太松则锯条易扭曲，锯缝容易歪斜，其松紧程度以用手扳动锯条感觉硬实即可。安装好后，还应检查锯条安装是否歪斜、扭曲，这对保证锯缝正直和防止锯条折断都比较有利。

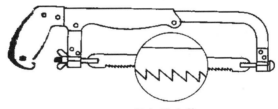

图 5.2　锯条的安装

（2）装夹工件：为了便于锯削，工件应装夹在台虎钳的左面，已锯缝到钳口侧面的距离为 20 mm 左右，工件不能伸出过长，锯缝线平行于钳口侧面，要夹平、夹紧，注意避免将工件夹变形和夹坏已加工面。

（3）起锯方法：起锯是锯削工作的开始，它的好坏直接影响锯削质量。起锯有远起锯和近起锯两种，如图 5.3 所示。起锯时，左手拇指靠住锯条，右手紧握锯弓，使锯条能正确地在所需要锯的位置上，锯弓行程要短，压力要小，速度要慢，起锯角要小（＞15º）。起锯锯到槽深有 2～3 mm 时，左手拇指即可离开锯，扶正锯弓逐渐使锯痕向后成为水平，然后往下正常锯削。一般情况下采用远起锯较好，因为远起锯锯齿是逐步切入材料的，锯齿不易卡住，起锯也较方便。

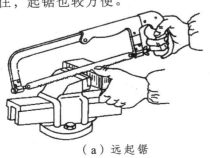

（a）远起锯　　　　　　　　　　　（b）近起锯

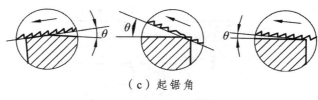

（c）起锯角

图 5.3　起锯方法

5.3.3　錾　削

用手锤锤击錾子对金属工件进行切削加工的操作称为錾削，用于不便于机械加工的场合，如去除毛坯上的凸部、毛刺、分割材料等，可錾削工件平面、沟槽及切断。

1．錾削工具

（1）錾子。

錾子是錾削中的主要工具，用优质碳素工具钢锻制而成，其长度为 125～150 mm，刃部经淬火、回火处理后有较高的硬度和韧性。錾子由头部、切削部分及柄部三部分组成。头部是手锤的打击部分，有一定锥度，顶端略带球形，柄部是手握部分。

（2）手锤。

手锤是錾削工作中的重要工具，也是钳工装、拆零件的重要工具，其长度为 300 mm。手锤由锤头、锤柄两部分组成，其规格用锤头重量表示，主要有 0.25 kg、0.5 kg、1 kg 等几种。

2．錾削操作要点

（1）手锤的握法。

手锤的握法分为紧握法、松握法两种。握手锤时木柄伸出 15～30 mm。

紧握法是右手五指紧握锤柄，大拇指合在食指上，在挥锤和锤击过程中五指始终紧握，如图 5.4 所示。

松握法是用大拇指和食指始终紧握锤柄。在挥锤时，小指、无名指、中指依次放松，在锤击时，以相反的次序收拢握紧。松握法不易疲劳，锤击力大，如图 5.5 所示。

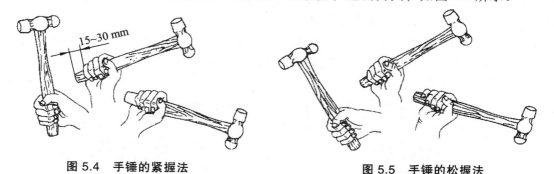

图 5.4　手锤的紧握法　　　　　　　　　　　**图 5.5　手锤的松握法**

（2）錾子的握法。

錾子的握法分为正握法、反握法两种，如图 5.6 所示。握錾子时錾子头部伸出 20～25 mm。

正握法是手心向下，胸部伸直，用中指、无名指握住錾子。反握法是手心向上，手指自然握住錾子，手掌悬空，如图 5.6 所示。

（a）正握法 （b）反握法

图 5.6 錾子的握法

（a）腕挥 （b）肘挥 （c）臂挥

图 5.7 挥锤的方法

（3）挥锤方法。

挥锤方法有腕挥、肘挥、臂挥三种，如图 5.7 所示。腕挥只有手腕运动，锤击力小，用于錾削的开始、结束；肘挥用手腕和肘一起挥锤，锤击力大，多采用此法；臂挥用手腕、肘和全臂一起挥锤，锤击力最大，易反弹。

（4）锤击速度。

錾削时，锤击要稳、准、狠，动作要有节奏，一般臂挥约 20 次/min，肘挥约 40 次/min，腕挥约 50 次/min。

3．錾削平面的操作方法

錾削平面时采用扁錾，每次錾削 0.5～2 mm。在錾削时，一般錾削 2～3 次后，要将錾子往回退一点，做一次短暂的停顿，然后将刃口顶住錾削处继续錾削。

（1）起錾方法。

錾削时的起錾方法有斜角起錾和正面起錾两种，如图 5.8 所示。在錾削平面时，应采用斜角起錾的方法，即先在工件的边缘尖角处，将錾子放成 $-\theta$ 角，錾出一个斜面，然后按正常的錾削角度逐步向中间錾削。在錾削槽时，则必须采用正面起錾，即起錾时全部刃口贴住工件錾削部位的端面，錾出一个斜面，然后按正常角度錾削。这样的起錾可避免錾子的弹跳和打滑，且便于掌握加工余量。

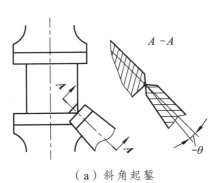
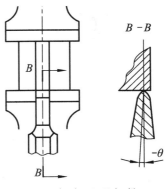

（a）斜角起錾 （b）正面起錾

图 5.8 起錾方法

（2）尽头地方的錾法。

在一般情况下，当錾削接近尽头 10～15 mm 时，必须调头錾去余下的部分，例如錾削铸铁和青铜时更应如此，否则，尽头处就会崩裂。

5.3.4 锉 削

用锉刀对工件表面进行切削加工，使其尺寸、形状、位置和表面粗糙度等都达到要求的操作称为锉削。锉削可加工工件的内外平面、内外曲面、内外角、沟槽和各种复杂形状的表面，还可在装配中修理工件，是在錾、锯之后对工件进行的较高精度的加工，加工的表面粗糙度值 Ra 可达 $1.6 \sim 3.2\ \mu m$。

1. 锉削工具

锉刀是锉削时的主要工具，用 T13 或 T12 碳素工具钢制成，经热处理后硬度可达 62～72 HRC。

（1）锉刀的组成。

锉刀由锉刀体和手柄两部分组成，其中锉刀面的齿纹是交叉排列的，形成许多小齿，便于断屑和排屑，锉削时能省力。

（2）锉刀的种类。

锉刀的种类有很多，按锉刀的形状分为平锉、半圆锉、四方锉、三角锉、圆锉等，可锉削相应形状的表面。

2. 锉削的操作要点

（1）锉刀的握法。

锉刀长度大于 250 mm 的较大锉刀握法如图 5.9 所示。右手紧握刀柄，柄端抵在拇指根部的手掌上，大拇指放在刀柄上部，其余手指由下而上地握着刀柄，左手将拇指根部的肌肉压在锉刀头上，拇指自然伸直，其余四指弯向手心，用中指、无名指捏住锉刀前端。锉削时右手推动锉刀并决定推动方向，左手协同右手使锉刀保持平衡。

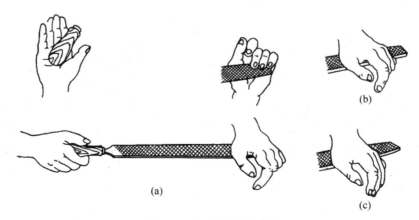

图 5.9 较大锉刀的握法

（2）锉削姿势。

锉削时的站立步位和姿势如图 5.10 所示，两手要握住锉刀放在工件上，双臂弯曲。

锉削时，身体先于锉刀并与之一起向前，右脚伸直并稍向前倾，重心在左脚，左脚呈弯曲状态。当锉刀锉至约 3/4 行程时，身体停止前进，两臂则继续将锉刀向前锉到头，同时，左脚伸直重心后移，恢复原位，并将锉刀收回。然后进行第二次锉削。

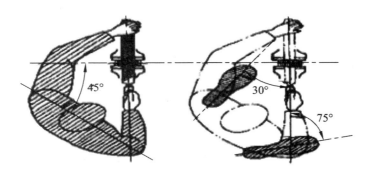

图 5.10　锉削的站立步位和姿势

（3）锉削用力及速度。

锉削时右手的压力要随锉刀的推动逐渐增加，左手的压力则逐渐减小。回程时不加压力，以减少锉齿的磨损。锉削速度一般应在 40 次/min 左右，推出时稍慢，回程时稍快，动作要自然协调。如图 5.11 所示。

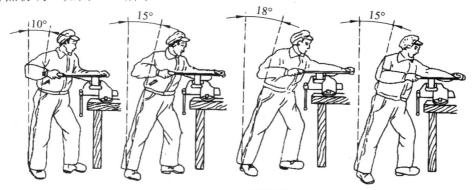

图 5.11　锉削动作

3. 锉削操作方法

（1）平面锉削。

平面锉削是最基本的锉削方法，常用平面锉削方法有顺向锉、交叉锉、推锉三种。

顺向锉：锉刀运动方向与工件夹持方向始终一致，如图 5.12 所示。在锉宽平面时，每次退回锉刀时应在横向作适当的移动。顺向锉法的锉纹整齐一致，比较美观，这是最基本的一种锉削方法。较小的平面和最后锉光都用这种方法。

交叉锉：锉刀运动方向与工件夹持方向成 50°～60° 角，且锉纹交叉。由于锉刀与工件的接触面大，锉刀容易掌握平稳，可从刀痕上判断出锉削面的高低情况，表面容易锉平，一般适于粗锉，锉削快结束时改用顺向锉法，如图 5.13 所示。

推锉：用两手对称横握锉刀，用大拇指推动锉刀顺着工件长度方向进行锉削，用来锉削狭长平面。

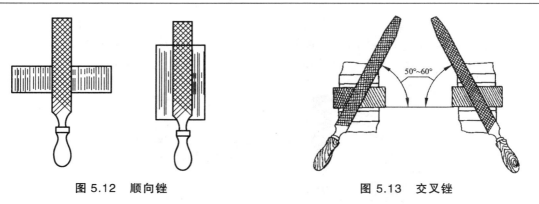

图 5.12　顺向锉　　　　　　　　图 5.13　交叉锉

（2）曲面锉削。

最常见的曲面是单一的外圆弧面和内圆弧面，曲面锉削法分为外圆弧面锉削法、内圆弧面锉削法两种。

5.3.5　钻　孔

用钻头在实体材料上加工出孔的操作称为钻孔，在钻床上钻孔时，工件是固定不动的。钻头装夹在钻床主轴上做旋转运动称为主运动，钻削时钻头沿轴线方向移动称为进给运动，如图 5.14 所示。钻孔属孔的粗加工方法，加工精度为 IT14～IT12，表面粗糙度 Ra 值为 $50～12.5~\mu m$。

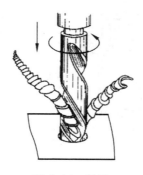

图 5.14　钻孔

1. 钻　头

钻削加工时使用的刀具称为钻头，主要有麻花钻、中心钻、扁钻、深孔钻等，使用最多的是麻花钻。麻花钻由刀柄、颈部和刀体组成，如图 5.15 所示。刀柄直径小于 12 mm 的做成直柄，大于 12 mm 的做成锥柄，颈部上刻有钻头的直径、材料等标记，加工钻头时当退刀槽用，是刀体与刀柄的连接部分。刀体（即工作部分）由导向部分和切削部分组成，导向部分包括两条对称的螺旋槽和较窄的刃带。切削部分有两个对称的切削刃，钻头的顶部有横刃，切削刃承担切削工作，其夹角为 118°，横刃起辅助切削和定心作用，会增加切削时的轴向力。螺旋槽的作用是形成切削刃和向孔外排屑，刃带的作用是减少钻头与孔壁的摩擦和导向。

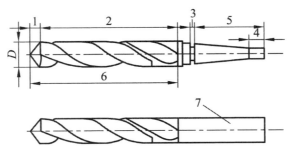

图 5.15　麻花钻的组成

1—切削部分；2—导向部分；3—颈部；4—扁尾；5—锥柄；6—工作部分；7—直柄

2. 钻孔的操作方法

（1）安装、拆卸钻头。

麻花钻头尾部的形状有直柄、锥柄两种。直柄麻花钻头使用钻夹头装夹，转动固紧扳手，带动螺纹环旋转，使三个夹爪移动，作夹紧或放松动作。锥柄麻花钻头可直接装入钻床主轴锥孔内，尺寸小的要使用合适的过渡套连接，拆卸时用斜铁敲入套筒或钻床主轴上的腰形孔内，斜铁带圆弧的一边要放在上面，利用斜铁斜面的向下分力，使钻头与套筒或主轴分离。

（2）装夹工件。

在立钻或台钻上钻孔时，工件常用手虎钳装夹，或平口钳装夹，较大的工件可用压板、螺栓直接装夹在工作台上，如图 5.16 所示。

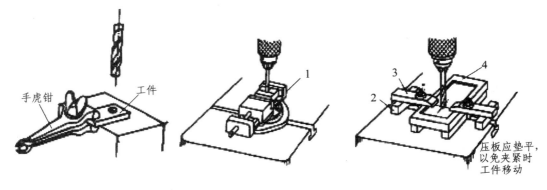

（a）用手虎钳装夹　　　　（b）用平口钳装夹　　　　（c）用压板螺栓装夹

图 5.16　装夹工件

1—平口钳；2—垫铁；3—压板；4—工件

（3）钻孔操作。

首先，使用划线工具在工件上划出需要钻孔的孔心位置，使用样冲在工件孔心位置打一个眼；其次把工件装夹在夹具上夹平、夹紧；最后启动钻床钻孔，开始钻削时，要用较大力向下进给，避免钻头在工件表面上晃动而不能切入。用麻花钻头钻孔时，由于过热而增加钻头的磨损，要经常退出钻头以便排屑和冷却。在钢件上钻孔时，切削阻力很大，产生的温度很高，常采用冷却润滑液冷却。

5.3.6 攻螺纹和套螺纹

钳工上的螺纹加工分为攻螺纹和套螺纹,用丝锥在工件孔内壁切出内螺纹的操作称为攻螺纹,简称攻丝。用板牙在圆柱形工件上加工出外螺纹的操作叫作套螺纹,简称套扣。

1. 攻螺纹

(1) 丝锥与绞杠。

丝锥是加工内螺纹的工具,由柄部和工作部分组成。其工作部分是一段开槽的外螺纹,包括切削部分和校准部分。切削部分是圆锥形。修正部分具有完整的齿形,用以校准和修光切出的螺纹。丝锥有 3～4 条窄槽,以形成切削刃和排除切屑。丝锥的柄部有方头,攻丝时用其传递力矩。

绞杠是用来夹持丝锥的工具,分为固定式、可调节式。

(2) 底孔直径的确定。

用丝锥攻螺纹时,每个切削刃一方面在切削金属,一方面也在挤压金属,因而会产生金属凸起并向牙尖流动的现象,这一现象对于韧性材料尤为显著。因此,底孔直径应比螺纹小径略大,确定底孔直径的大小要根据工件的材料性质、螺纹直径的大小综合来考虑,也可用下列经验公式得出。

脆性材料（铸铁、青铜等）$D_0 = D - (1.05 \sim 1.1) P$

韧性材料（钢、紫铜等）　$D_0 = D - P$

式中　D_0 —— 底孔直径,mm;

　　　D —— 螺纹大径,mm;

　　　P —— 螺距,mm。

加工不通孔螺纹时,由于丝锥的切削部分不能攻出完整的螺纹,所以钻孔深度至少要等于需要的螺纹深度加上丝锥切削部分的长度,这段增加的长度大约等于螺纹大径的 0.7 倍。

(3) 攻螺纹的方法。

按工件要求划线、钻底孔。

在螺纹底孔的孔口倒角,倒角处直径可略大于螺纹大径,这样可使丝锥开始切削时容易切入,并可防止孔口出现挤压出的凸边。

用头锥起攻。起攻时,可一手用手掌按住绞杠中部,沿丝锥轴线用力加压,另一手配合作顺向旋进;或两手握住绞杠两端均匀施加压力,并将丝锥顺向旋进。应保证丝锥中心线与孔中心线重合。在丝锥攻入 1～2 圈后,应及时从前后、左右两个方向用 90°角尺进行检查,并不断校正至要求。

当丝锥的切削部分全部进入工件时,就不需要再施加压力,而靠丝锥作自然旋进切削。此时,两手旋转用力要均匀,并要经常倒转 1/4～1/2 圈,使切屑碎断后容易排除,避免因切屑阻塞而使丝锥卡住。

对钢件攻丝时使用乳化液或机油润滑,对铸铁攻丝一般使用煤油润滑。

2. 套螺纹

（1）板牙与板牙架。

板牙是加工外螺纹的工具，多用合金工具钢制造。常用板牙如图 5.17 所示。

板牙架是用来夹持板牙和带动其旋转进行套螺纹的工具，如图 5.18 所示。

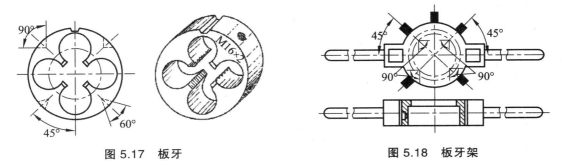

图 5.17 板牙   图 5.18 板牙架

（2）圆杆直径及端部倒角。

与攻螺纹一样，套螺纹切削过程中也有挤压作用，因此，圆杆直径要小于螺纹大径。套螺纹时圆柱加工直径计算公式如下：

$$D_0 = D - 0.13P$$

式中 D_0 —— 圆杆直径，mm；

      D —— 螺纹大径，mm；

      P —— 螺距，mm。

为了使板牙起套时容易切入工件并作正确的引导，圆杆端部要倒角，倒成锥半角为 $15°\sim20°$ 的锥体。其倒角的最小直径可略小于螺纹小径，避免螺纹端部出现锋口和卷边。

（3）套螺纹的方法。

起套方法与攻螺纹起攻方法一样，一手用手掌按住板牙架中部，沿圆杆轴向施加压力；另一手配合作顺向切进，转动要慢，压力要大，并保证板牙端面与圆杆轴线的垂直度，在板牙切入圆杆 2～3 牙时，应及时检查其垂直度并作准确校正。

正常套螺纹时，不要加压，让板牙自然引进，经免损坏螺纹和板牙，也要经常倒转经断屑。

在钢件上套螺纹时要加切削液，经减小加工螺纹的表面粗糙度和延长板牙使用寿命。一般可用机油或较浓的乳化液，要求高时可用工业植物油。

5.4 钳工安全技术

（1）操作前应按规定穿戴好劳动保护用品，女学生的长发必须纳入帽内。

（2）禁止使用有裂纹、带毛刺、手柄松动等不合要求的工具，并严格遵守常用工具安全操作规程。

（3）钻孔和使用手锤、大锤时，不准戴手套，锤柄、锤头不得有油污。打大锤时，甩转方向不得有人。使用钻床钻孔时，必须遵守《钻床安全操作规程》。

（4）使用钢锯时，工件要夹牢，用力要均匀。工件即将锯断时，要用手或支架托住。

（5）使用活扳手时，扳口尺寸应与螺帽尺寸相符，不应在手柄上加套管。

（6）使用虎钳时，钳把不得作套管加力或用手锤敲打，所夹工件不得超过钳口最大行程的 2/3。

（7）清除铁屑时必须采用工具，禁止用手拿或用嘴吹。工作中应注意周围人员及自身的安全，防止工件、工具脱落及铁屑飞溅伤人，两人以上工作时要有一人负责指挥。

（8）剔、铲工件时，正面不得有人，在固定的工作台上剔、铲工件时，其前面应设挡板或铁丝防护网。

（9）拆卸设备部件时应放置稳固，装配时，严禁用手插入连接面或探摸螺孔。取放垫铁时，手指应放在垫铁的两侧。

（10）设备试运转时，严格按单项安全技术措施进行。运转时，不准擦洗和清理、修理设备，并严禁将头，手伸入机械行程范围内。

（11）工件划线时应支牢，支撑大件时，严禁将手伸入工件下面，必要时要用支架，应做好防护。划线平台周围要保持整洁。

（12）操作学习中，应该严格按照教师指导和安全规章制度操作。

金工实习报告（钳工 1）

班级：_____ 学号：_____ 姓名：_____ 成绩：_____ 教师签名：_____ 日期：_____

一、填空题（20 分）

1. 钳工工作基本操作有_____、_____、_____、_____、_____、_____、_____等。

2. 锯削运动的速度一般为_____左右，锯削硬材料要_____些，锯削行程应保持均匀，返回时应相对快些。

3. 加工孔的方法有_____、_____和_____。钳工钻孔常用工具有_____。一般台钻钻孔直径小于_____。

4. 划线工具有_____、_____、_____、_____等。

5. 錾削可加工_____、_____及切断。錾削工具为_____、_____。

6. 锉削是用_____对工件表面进行切削，使其达到零件图要求的_____的加工方法。

7. 攻丝是指用_____加工出内螺纹，套丝是指用_____在圆杆上加工出外螺纹。

8. 砂轮机用来刃磨钳工用的各种_____或_____，也可用来磨去工件或材料上的_____、_____等。

二、判断题（10 分）

1. 使用虎钳时，所夹工件，不得超过钳口最大行程的 1/2。（　　）

2. 操作钻床，严禁戴手套，袖口应扎紧；长发女生必须戴工作帽，可以不将头发纳入帽内。（　　）

3. 划线是根据图样的尺寸要求，用划线工具在毛坯或半成品工件上画出待加工部件的轮廓线或作为基准点、线的操作。（　　）

4. 錾削具有很大的灵活性，但受设备、场地的限制。（　　）

5. 工件夹持要牢固，要经常注意锯缝的平直情况，以免折断锯条。（　　）

6. 细齿锉刀，齿数 13～24，用于半精加工或锉钢、铸铁等硬金属。（　　）

7 放置锉刀时不要把锉刀露出钳台外面，以免落下砸伤人，锉削过程中可以用嘴吹锉屑。（　　）

8. 用麻花钻头钻孔时，由于过热而增加钻头的磨损，要经常退出钻头以便排屑和冷却。（　　）

9. 板牙是加工外螺纹的工具。起攻和起套时要检查前后左右，及时进行垂直度的找正，操作要正确，两手用力要均匀并掌握好用力最大限度。（　　）

10. 不得在砂轮上磨铜、铅、铝、木材等软金属和非金属工件。（　　）

三、简答题（20分）

1. 简述划线的作用。

2. 指出钳工的基本操作内容。

四、操作题（40分）

以 45 钢为材料制作如图 5.19 所示的榔头。

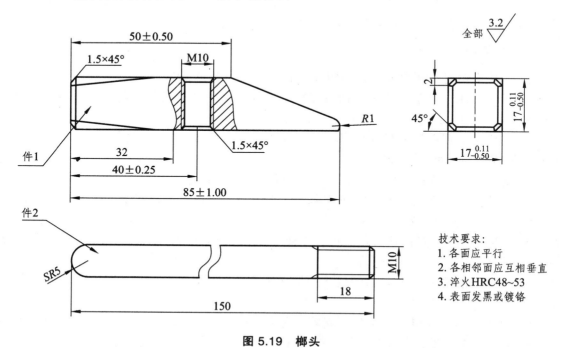

技术要求：
1. 各面应平行
2. 各相邻面应互相垂直
3. 淬火 HRC48~53
4. 表面发黑或镀铬

图 5.19　榔头

五、实习态度、出勤情况（10分）

金工实习报告（钳工 2）

班级：_____　学号：_____　姓名：_____　成绩：_____　教师签名：_____　日期：_____

一、填空题（20 分）

1. 钳台高度以_____为宜，钳台上必须装_____。

2. 夹紧手柄不得_____或_____击打，不得在手柄上_____或_____，并应经常检查和复紧工件。

3. 分度头是用来对工件进行_____、_____的重要工具。

4. 操作钻床，严禁_____，袖口应扎紧；长发女生必须_____，并将头发挽入帽内。

5. 根据图样的尺寸要求，用划线工具在_____工件上划出待加工部件的_____或作为基准点、线的操作。

6. 錾削时的起錾方法有_____和_____两种。

7. 平面锉削是锉削中最基本的，常用平面锉削方法有_____、_____、_____三种。

8. 丝锥工作部分是一段开槽的外螺纹，包括_____部分和_____部分。

二、判断题（10 分）

1. 钳工工作台又称钳台，只限一人操作。（　　　）

2. 使用虎钳时，所夹工件不得超过钳口最大行程的 1/2。（　　　）

3. 錾削方法有錾平面、錾油槽、錾断。錾削工具为錾子和锉刀。（　　　）

4. 锯削操作时，锯条要松紧适当，防止操作过程中，用力过猛，折断锯条。（　　　）

5. 放置锉刀时不要把锉刀露出钳台外面，以免落下砸伤人。锉削时可以用嘴吹锉屑。（　　　）

6. 起攻和起套时要检查前后左右，及时进行垂直度的找正，操作要正确，两手用力要均匀并掌握好用力最大限度。（　　　）

7. 锉削时右手的压力要随锉刀的推动逐渐减小，左手的压力则逐渐增加。回程时不加压力，以减少锉齿的磨损。（　　　）

8. 套螺纹切削过程中有挤压作用，因此，圆杆直径要小于螺纹大径。（　　　）

9. 砂轮机必须安装钢板防护罩，操作砂轮机时严禁站在砂轮机的直径方向操作，并应戴防护眼镜。（　　　）

10. 设备试运转时，严格按单项安全技术措施进行。运转时，不准擦洗和清理、修理设备，并严禁将头、手伸入机械行程范围内。（　　　）

三、简答题（20 分）

1. 简述钳工加工中常用的工具。

2. 简述钳工的安全技术要求。

四、操作题（40 分）

以 45 号钢为材料制作如图 5.20 所示的 T 形座。

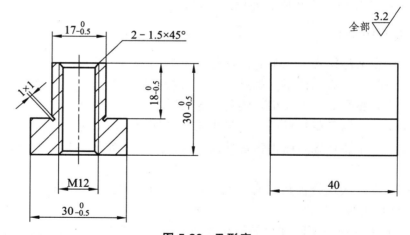

图 5.20　T 形座

五、实习态度、出勤情况（10 分）

金工实习报告（钳工 3）

班级：_____　学号：_____　姓名：_____　成绩：_____　教师签名：_____　日期：_____

一、填空题（20 分）

1. 台虎钳是装在_____上，用来夹持工件的通用夹具。台虎钳有_____和_____两种。

2. 钻削加工时使用的刀具称为_____，麻花钻由_____、_____和_____组成。

3. 使用虎钳时，所夹工件不得超过钳口最大行程的_____。

4. 锉削是用锉刀对工件表面进行切削加工，使其_____、_____、_____和表面粗糙度等都达到要求的操作。

5. 錾削时，右手握锤有两种方法，即_____和_____。挥锤的方法分为_____。

6. 锯削是用_____对材料或工件进行_____的一种方法。

7. _____是专门用来加工小直径内螺纹的加工工具。丝锥使用时用_____夹持。_____是加工外螺纹的工具。

8. 钻床上钻孔时，_____是固定不动的。钻头装夹在钻床主轴上做旋转运动称为_____，钻削时钻头沿轴线方向移动称为_____。

二、判断题（10 分）

1. 钳工工作台又称钳台，只限一人操作。（　　　）

2. 划线是根据图样的尺寸要求，用划线工具在毛坯或半成品工件上画出待加工部件的轮廓线或作为基准点、线的操作。（　　　）

3. 操作钻床，严禁戴手套，袖口应扎紧；长发女生必须戴工作帽，可以不将头发挽入帽内。（　　　）

4. 錾削具有很大的灵活性，不受设备、场地的限制，可在其他设备无法完成加工的情况下进行加工。（　　　）

5. 工件夹持要牢固，要经常注意锯缝的平直情况，以免折断锯条。（　　　）

6. 起攻和起套时要前后左右检查，及时进行垂直度的找正，操作要正确，两手用力要均匀并掌握好用力最大限度。（　　　）

7. 磨削工件时，应缓慢接近，不要猛烈碰撞，砂轮与磨架之间的间隙以 3 mm 为宜，可以在砂轮上磨铜、铅、铝、木材等软金属和非金属物件。（　　　）

8. 锯条粗细的选择，主要根据所锯材料的软硬和厚薄来选用，粗齿锯条适宜锯削硬金属（如工具钢、合金钢、角铁等）和薄壁管子的工件。（　　　）

9. 禁止使用有裂纹、带毛刺、手柄松动等不合要求的工具，并严格遵守常用工具安全操作规程。（　　　）

10. 使用活扳手时，扳口尺寸应与螺帽尺寸相符，要在手柄上加套管。（　　　）

三、简答题（20分）

1. 简述钳工的特点。

2. 简述攻螺纹的方法。

四、操作题（40分）

分别使用 A3 钢材制作内、外六方，使其满足装配尺寸要求，如图 5.21 所示。

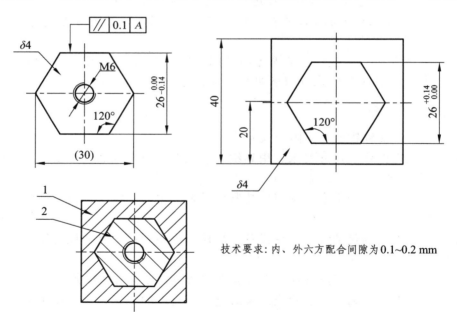

技术要求：内、外六方配合间隙为 0.1~0.2 mm

图 5.21　内、外六方配合

五、实习态度、出勤情况（10分）

第 6 章 铣刨工实习

6.1 刨工目的与要求

1. 目　的

（1）了解牛头刨床的用途、主要结构、组成及安全使用方法。
（2）掌握牛头刨床上加工水平面、垂直面的方法。
（3）掌握牛头刨床上工件的安装及找正方法，刨刀的特点及安装方法。
（4）了解刨削加工的特点及所能达到的精度和粗糙度。
（5）了解插床及龙门刨床的主要结构及应用。

2. 要　求

（1）会独立操纵牛头刨床。
（2）刨削水平面及垂直面（或斜面）。

6.2 刨工的基础知识

1. 刨削概述

在刨床上利用刨刀切削工件的工艺过程称为刨削。其主运动是直线往复运动，通常称刨床为直线运动机床。刨床主要用来加工零件上的各种平面和直线形曲面，如图 6.1 所示。

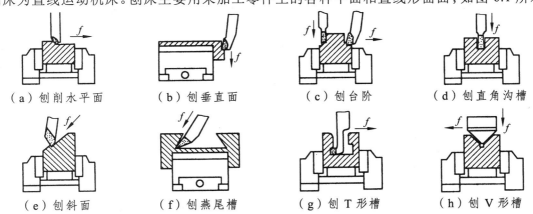

（a）刨削水平面　　（b）刨垂直面　　（c）刨台阶　　（d）刨直角沟槽

（e）刨斜面　　（f）刨燕尾槽　　（g）刨 T 形槽　　（h）刨 V 形槽

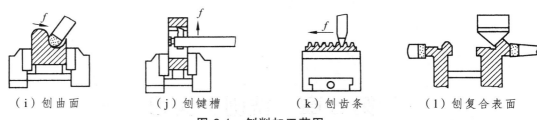

（i）刨曲面　　　　　（j）刨键槽　　　　　（k）刨齿条　　　　　（l）刨复合表面

图 6.1　刨削加工范围

刨削加工具有机床刀具简单、通用性好等优点，但生产率较低。因为刨刀回程时不切削，加工不是连续进行的，同时，刨削加工通常采用单刀刨刀进行加工，而且加工时冲击现象很严重，限制了刨削用量的进一步提高，所以刨削加工生产率较低。刨削加工一般用于单件或小批量生产。然而在龙门刨床上可加工狭长平面或多件或多刀刨削，生产率较高。虽然刨削加工精度较低，但刨削加工可以保证一定的相互位置精度。所以用龙门刨床加工箱体、导轨等平面非常适宜。

2. 龙门刨床

龙门刨床主要用于加工大型或重型零件上的各种平面、沟槽和导轨面，也可在工作台上一次装夹数个中小型零件进行多件加工。大型龙门刨床往往还附有铣头和磨头等部件，以便使工件在一次安装中完成铣及磨平面等工作，这种机床又称为龙门刨铣床或龙门刨铣磨床。

龙门刨床的主参数是最大刨削宽度，第二主参数是最大刨削长度。例如，B2010A 型龙门刨床的含义：B 表示刨床类，20 表示龙门刨床，10 表示最大刨削宽度 1 000 mm，A 表示机床结构经过一次重大改进。

3. 牛头刨床

牛头刨床是刨削类机床中应用较广泛的一种，适用于加工刨削长度不超过 1 000 mm 的中、小型工件。其主参数为最大刨削长度。如 B665 刨床，其主参数为最大刨削长度 650 mm。

B665 牛头刨床由工作台、刀架、滑枕、床身、曲柄摇杆机构、变速机构、进给机构、横梁等组成。

床身用来支承和连接刨床的各部件，其顶面导轨供滑枕作往复直线运动，侧面导轨供工作台升降，内部有传动机构。滑枕的前端有刀架，用来带动刨刀作往复直线运动。刀架用来夹持刨刀，摇动刀架手柄时，滑板可沿刻度转盘上的导轨，带动刨刀作上下移动。松开刻度转盘上的螺母，将转盘扳转一定角度后，可使刀架作斜向进给。刀座中的抬刀板可绕刀座上的销轴转动。这样在刨削回行程时，抬刀板可自由上抬，以减少刀具和工件之间的摩擦。刨削时，切削深度可利用滑板上的刻度环进行调整。横梁安装在床身前部垂直导轨上，可作上下移动。工作台安装在横梁的水平导轨上，可作水平移动。

6.3　刨工安全实习

（1）工作时应穿工作服，领袖套。女生应戴工作帽，头发应纳入工作帽内。

（2）开动刨床前，应检查刨床各部分机构是否完好，各转动手柄、变速手柄位置是否正确，以防开车时因突然撞击而损坏机床。开动刨床后，应使机床低速运行 1～2 min，使润滑油渗入各需要之处（冬天时更应注意），待机床转动正常后才能开车。

（3）工作时，操作位置要正确，不得站立在工件的前面，以防止切屑和工件落下伤人。

（4）开动机床时要前后照顾，避免机床损伤或损坏工件和设备。开动机床后，绝不允许擅自离开机床。若发现机床有异常情况，应立即停车检查。

（5）严禁在机床运行时进行变速、清除切屑、测量工件等操作。

（6）不准用手去触摸工件表面，也不准用手清除切屑。

（7）不准戴手套工作，在装夹、搬运笨重工件时，应尽量利用起重设备或请他人帮助。

（8）机床电线不得裸露，刀开关、按钮或其他开关都必须有良好的绝缘效果，并要正确操作。

6.4 铣工目的与要求

1. 目　的

（1）了解万能铣床的用途、主要结构、切削运动及安全使用方法。

（2）掌握在铣床上铣平面、铣键槽及铣分度工件的加工方法。

（3）了解铣床附件的作用及使用方法。

（4）了解铣床上工件的安装找正方法、铣刀的种类、特点及其安装方法。

（5）了解铣削用量的选用、冷却液的使用和铣削所能达到的精度和粗糙度。

2. 要　求

（1）会独立操纵铣床。

（2）铣削工件上的平面。

（3）铣削分度工件。

6.5 铣工的基础知识

6.5.1 铣削要素

在铣床上用铣刀加工工件的过程叫作铣削，它是金属切削加工中常用的方法之一。铣削加工精度一般可达 IT9～IT8，表面粗糙度 Ra 可达 1.6～3.2 μm。

在铣削过程中，铣刀作旋转主运动，工件随工作台作纵向、横向、垂直三个方向的直线进给运动。铣削过程中的铣削速度 v、进给量 f、铣削深度 a_p 和铣削宽度 a_e 称为铣削四要素，如图 6.2 所示。

铣削速度 v 是指铣刀最大直径处切削刃的线速度，可表示为

$$v = \frac{\pi D n}{1\,000 \times 60}$$

式中 v——线速度，m/s；

　　　　D——铣刀的外径，mm；

　　　　n——铣刀转速，r/min。

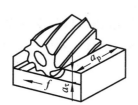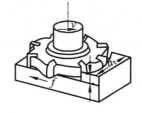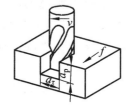

图 6.2   铣削四要素

铣削的进给量有三种表示方法：铣刀每转一转工件对铣刀的移动量 n（mm/r）；铣刀每转一齿时，工件对铣刀的移动量 a_f（mm/z）；每秒钟工件对铣刀的移动量 s（mm/s）。三者之间有下列关系：

$$s = fn/60 = a_f z n/60 \quad (\text{mm/s})$$

其中，z 为铣刀齿数。

铣削深度 a_p 是指平行于铣刀轴线方向上切削层的尺寸，单位为 mm。

铣削宽度 a_c 是指垂直于铣刀轴线方向上切削层的尺寸，单位为 mm。

6.5.2　铣床的功用和运动

铣床是用铣刀进行加工的切削机床。其特点是以多齿刀具的旋转运动为主运动，而进给运动可根据加工要求，由工件在相互垂直的三个方向中，作某一方向的运动来实现。在少数铣床上，进给运动也可以是工件的回转或曲线运动。根据工件的形状和尺寸，工件和铣刀可在相互垂直的三个方向上调整位置。由于是多齿刀具，铣削加工的效率较高，其应用范围也比刨削加工广泛得多。

铣床的工艺范围很广，可以加工水平面、垂直面、T 形槽、键槽、燕尾槽、螺纹、螺旋槽、分齿零件（齿轮、链轮、棘轮等）以及成形面等，如图 6.3 所示。此外，铣床还可使用锯片铣刀进行切断、钻孔、扩孔、铰孔等操作。

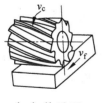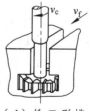

（a）铣平面　　　（b）铣台阶　　　（c）铣键槽　　　（d）铣 T 形槽　　　（e）铣燕尾槽

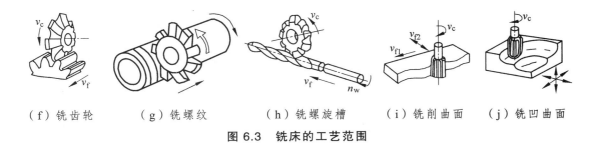

（f）铣齿轮　　　（g）铣螺纹　　　（h）铣螺旋槽　　　（i）铣削曲面　　　（j）铣凹曲面

图 6.3　铣床的工艺范围

6.5.3　顺铣与逆铣

沿着刀具的进给方向看,如果工件位于铣刀进给方向的右侧,那么进给方向称为顺时针。反之,当工件位于铣刀进给方向的左侧时,进给方向定义为逆时针。如果铣刀旋转方向与工件进给方向相同,称为顺铣;铣刀旋转方向与工件进给方向相反,称为逆铣,如图 6.4 所示。

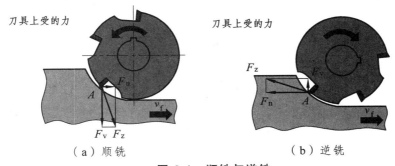

（a）顺铣　　　　　　　　　（b）逆铣

图 6.4　顺铣与逆铣

顺铣的功率消耗要比逆铣时小,在同等切削条件下,顺铣功率消耗要低 5%～15%,同时顺铣也更加有利于排屑。一般应尽量采用顺铣法加工,以提高被加工零件表面的光洁度（降低粗糙度）,保证尺寸精度。但是在切削面上有硬质层、积渣、工件表面凹凸不平较显著时,如加工锻造毛坯,应采用逆铣法。

顺铣时,切削由厚变薄,刀齿从未加工表面切入,对铣刀的使用有利。逆铣时,当铣刀刀齿接触工件后不能马上切入金属层,而是在工件表面滑动一小段距离。在滑动过程中,由于强烈的摩擦,就会产生大量的热量,同时在待加工表面易形成硬化层,降低了刀具的耐用度,影响工件表面光洁度,给切削带来不利。另外,逆铣时,由于刀齿由下往上（或由内往外）切削,且从表面硬质层开始切入,刀齿受很大的冲击负荷,铣刀变钝较快,但刀齿切入过程中没有滑移现象。

逆铣和顺铣,因为切入工件时的切削厚度不同,刀齿和工件的接触长度不同,所以铣刀磨损程度不同。实践表明:顺铣时,铣刀耐用度比逆铣时提高 2～3 倍,表面粗糙度也可降低。但顺铣不宜用于铣削带硬皮的工件。

6.5.4　铣床的分类

铣床的种类很多,其中以卧式铣床、立式铣床、龙门铣床应用最广。

1. 卧式铣床

卧式铣床的主轴与工作台平行，并呈水平状态。

工作台在水平面内可扳转一定角度的卧式铣床称为卧式万能铣床。卧式铣床中以万能升降台铣床应用最广。下面以 X6132 型为例说明其结构和主要组成部件。

X6132 型万能升降台铣床的主参数是工作台面宽度为 320 mm。

X6132 型铣床由底座 1、床身 2、悬梁 3、刀杆支架 4、主轴 5、工作台 6、床鞍 7、升降台 8 以及回转盘 9 等组成（见图 6.5）。床身 2 固定在底座 1 上，用以安装和支承其他部件。床身内装有主轴部件、主变速传动装置及其变速操纵机构。悬梁 3 安装在床身顶部，并可沿燕尾导轨高速前后位移。悬梁上的刀杆支架 4 用以支承刀杆，以提高其刚性。升降台 8 安装在床身前侧面垂直导轨上，可作上下移动。升降台内升降台内装有进给运动传动装置及其操纵机构。升降台的水平导轨上装有床鞍 7，可沿主轴轴线方向作横向移动。床鞍 7 上装有回转盘 9，回转盘上面的燕尾导轨上安装有工作台 6。因此，工作台除了可沿导轨作垂直于主轴轴线方向的纵向移动外，还可通过回转盘绕垂直轴线在±45°范围内调整角度，以便铣削螺旋表面。

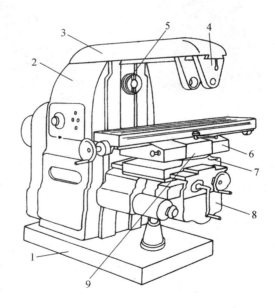

图 6.5　X6132 型铣床

2. 立式铣床

立式铣床与卧式铣床的主要区别是主轴与工作台面垂直，并且根据不同的加工需要，可将主轴左、右倾斜一定的角度。

3. 龙门铣床

龙门铣床主要用来加工大型或较重型工件，可以用几把铣刀对工件的几个不同表面同时进行加工，生产效率高，适合于成批大量生产。

4．万能工具铣床

万能工具铣床的基本布局与万能升降台铣床相似，但配备有多种附件，因而扩大了机床的万能性。由于万能工具铣床具有较强的万能性，故常用于工具车间加工形状较复杂的各种切削刀具、夹具及模具零件等。

6.5.5　铣床的附件

为扩大铣床的工作范围和便于安装工件，铣床常配有以下几种附件：

1．平口钳（机用虎钳）

平口钳主要用来安装尺寸较小、形状简单的工件。

2．立铣头

在卧式铣床上安装立铣头，则卧式铣床也可完成各种立铣工作。立铣头内部有一对锭齿轮，可将卧式铣床水平方向主轴的回转运动变成立轴垂直方向的回转运动，而且根据加工需要，立铣头刀轴方向还可以扳转一定的角度，以铣削斜面等。

3．分度头

分度头是用来安装需要进行分度加工的工件，以完成铣多边形、齿轮、花键等工作，此外利用分度头还可以与铣床工作台的纵向进给运动配合，铣削螺旋槽。

4．回转工作台

回转工作台又称转盘、圆形工作台，其内部有一套蜗轮蜗杆。转动手轮通过蜗杆蜗轮传动使转台作旋转运动。转台周围有刻度，可以用来观察和确定其位置。拧紧紧固螺钉，转台就锁紧不动。转台中央有一孔，可以方便地确定工件的回转中心。当底座 1 上的槽与铣床工作台上的 T 形槽对齐后，即可用螺栓把回转工作台固定在铣床上。被铣削的工件通过压板等固定在转台上。均匀缓慢地转动手轮，即可铣削圆弧线或曲线的沟槽及外形。

6.6　铣工安全实习

（1）防护用品的穿戴。

上班前穿好工作服、工作鞋，女生戴好工作帽；不准穿背心、拖鞋、凉鞋和裙子进入车间；严禁戴手套进行操作；高速铣削或刃磨刀具时应戴防护眼镜。

（2）操作前的检查。

对机床各润滑部分注润滑油；检查机床各手柄是否放在规定的位置上；检查各进给方向自动停止挡铁是否紧固在行程以内；启动机床检查主轴和进给系统工作是否正常，油路是否畅通；检查夹具、工件是否装夹牢固。

（3）装卸工件、更换铣刀、擦拭机床时必须停机，并防止被铣刀刀刃割伤。

（4）不得在机床运转时变换主轴转速和进给量。

（5）在进给过程中不准抚摸工件加工表面，机动进给完毕，应先停止进给。

（6）铣刀的旋转方向要正确，主轴未停稳不准测量工件。

（7）铣削时，铣削层深度不能过大，毛坯工件应从最高部分逐步切削。

（8）使用"快进"时要注意观察，防止铣刀与工件相撞击。

（9）要用专用工具清除切屑，不准用嘴吹或用手抓。

（10）工作时要集中思想，专心操作，不准擅自离开机床，离开时要关闭电源。

（11）操作中如发生事故，应立即停机并切断电源，保护现场。

（12）工作台面和各导轨面上不能直接放置工具和量具。

（13）工作结束后应及时停机床并加润滑油。

（14）电器部分不准随意拆开和摆弄，发现电器故障应及时请电工修理。

金工实习报告（铣刨实习 1）

班级：_____　学号：_____　姓名：_____　成绩：_____　教师签名：_____　日期：_____

一、填空题（20 分）

1. 刨床主要用来加工零件的_____和_____。（4 分）

2. 铣床的种类很多，其中以_____、_____、_____应用最广。（6 分）

3. 从切削速度、切削深度、进给量来区分粗刨与精刨，列于表 6.1 中。（6 分）

表 6.1

	切削速度	切削深度	进给量
粗　刨			
精　刨			

4. 常用的铣刀有_____、_____等。（4 分）

二、简答题（30 分）

1. 叙述铣削加工的安全操作规程。

2. 说明铣削平面时的操作过程。

3. 卧式万能铣床由哪几部分组成？最主要的附件是什么？

4. 什么叫顺铣和逆铣?

5. 铣床上可以加工哪些工艺表面?

三、操作题 (40分)

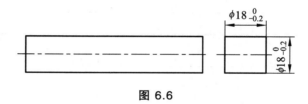

图 6.6

四、实习态度、安全意识、出勤情况 (10分)

金工实习报告（铣刨实习 2）

班级：_____　学号：_____　姓名：_____　成绩：_____　教师签名：_____　日期：_____

一、填空题（20 分）

1. 立式铣床与卧式铣床的主要区别是_____。（2 分）
2. 刨床主要有_____、_____类型。（4 分）
3. 常用的铣刀有_____、_____等。（4 分）
4. 铣削斜面的方法有_____、_____等。（4 分）
5. 铣床的种类很多，其中以_____、_____、_____应用最广。（6 分）

二、简答题（30 分）

1. 铣床的安全操作规程有哪些内容？

2. 铣床上可以加工哪些工艺表面？

3. 卧式万能铣床由哪几部分组成？最主要的附件是什么？

4. 刨削能达到的精度和表面粗糙度为多少？

5. 实习中你操作的牛头刨床主要由哪几部分组成？各部分有何作用？

三、操作题（40分）

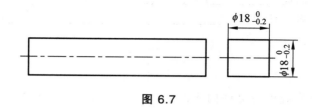

图 6.7

四、实习态度、安全意识、出勤情况（10分）

第 7 章　先进制造技术基础

7.1　目的与要求

1. 目　的

了解数控车、数控铣、加工中心、数控线切割等先进制造技术的原理、特点和应用，了解数控加工的工艺知识，理解和掌握数控加工的编程原理及编程方法。通过本课程的学习，为学生进一步学习数控机床操作奠定基础。

2. 要　求

（1）了解数控车、数控铣、加工中心、数控线切割、电火花成形加工等先进制造技术的特点及应用范围。

（2）了解数控车、数控铣、加工中心、数控线切割等数控机床的零件加工工艺。

（3）了解数控车、数控铣、加工中心、数控线切割等数控机床的零件加工编程原理和方法。

（4）一周实习的同学应掌握 CAXA 数控自动编程软件的基本操作。

（5）两周实习的同学应学会利用 CAXA 数控自动编程软件进行简单零件的加工。

（6）三周实习的同学应学会利用 CAXA 数控自动编程软件进行比较复杂零件的加工。

（7）培养学生具有热爱科学、实事求是的学风和创新意识、创新精神。

7.2　基础理论知识

1. 数控机床的概念

数控（NC）机床就是由数字程序实现控制的机床。它是为了解决单件、小批量特别是复杂型面和公差尺寸要求严格的零件的自动化加工并保证质量要求而产生的。

2. 数控机床的产生

1948 年，美国巴森兹公司在研制加工直升机叶片轮廓检查用样板的机床时，提出了数控机床的初步设想，后来，受空军委托与麻省理工学院合作，于 1952 年研制出了世界上第一台三坐标数控铣床，它综合应用了电子计算机、自动控制、伺服驱动、精密检测与新型机械结构等多方面的技术成果，是一种可用于加工复杂曲面零件的新型机床。

3. 数控机床的发展方向

数控机床主要朝着数控加工中心机床、自动编程系统（CNC）、直接数字控制系统（DNC）、自适应控制（AC）、柔性制造系统（FMS）等方向发展。

4. 数控机床的特点

（1）对加工对象适应性强。加工对象改变，除更换相应刀具和解决工件装夹方式外，只需改变相应数控程序即可进行加工，特别适应于多品种、小批量、品种变化快的产品的生产。

（2）自动化程度高。除工件毛坯装夹外，全部加工过程都由机床自动完成，大大减轻了工人的劳动强度。

（3）加工精度高，加工质量稳定。数控加工过程自始至终都在给定控制指令下工作，消除了操作者的技术水平及情绪变化对加工质量的影响。从而使零件加工质量稳定可靠，提高了同一批零件尺寸的一致性，废品率大为降低。

（4）生产效率高。机床自动化程度高，可自行换刀、自动检测。工件一次装夹后，除定位装夹表面不能加工外，其余表面都可以加工；生产准备周期短，加工对象的变化一般不需花费专门的工艺装备设计制造时间；切削加工中可采用最佳切削参数和走刀路线。因此，数控机床生产效率高。

（5）易于建立计算机通讯网络。数控机床是使用数字信息作为控制信息，易与 CAD 系统连接，形成 CAD/CAM 一体化系统，是 FMS、CIMS 等现代制造技术的基础。

5. 数控机床的工作原理

按照零件加工的技术要求和工艺要求，编写零件的加工程序，然后将加工程序输入数控装置，通过数控装置控制机床的主轴运动、进给运动、刀具更换，以及工件的夹紧与松开、冷却、润滑泵的开与关，使刀具、工件和其他辅助装置严格按照加工程序规定的顺序、轨迹和参数进行工作，从而加工出符合图纸要求的零件。

6. 数控机床的组成

（1）主机。

主机是数控机床的主体，包括床身、立柱、主轴、进给机构等机械部件。

（2）控制装置。

控制装置是数控机床的核心部件，包括计算机、存储器、显示器、键盘、程序输入/输出装置及相应的软件。控制装置用于输入数字化零件程序，并完成输入信息的存储、数据的交换、插补运算以及实现各种控制。

（3）驱动装置。

驱动装置是数控机床执行机构的驱动部件，包括主轴驱动单元、进给驱动单元、主轴电机及进给电机等。

（4）辅助装置。

辅助装置是数控机床的配套部件，它包括液压和气动装置、排屑装置、交换工作台、数控转台和数控分度头，还包括刀具及监控检测装置。其主要作用是开发和扩大数控机床的功能。

（5）编程机及其附属设备。

数控机床不仅可利用控制装置上的键盘直接输入零件的程序，也可以利用自动编程机，在机外进行零件程序的编制，把程序记录在信息载体上（如纸带、磁带、磁盘等），然后再送入数控装置。这种自动编程的方法对于复杂零件的加工尤其必要。

7. 数控机床的分类

数控机床的种类很多，分类方法不一。按数控机床的加工功能不同分为点位控制数控机床、点位直线控制数控机床和轮廓控制数控机床；按所用进给伺服系统的不同分为开环伺服系统数控机床和闭环伺服系统数控机床；按所用数控装置的构成方式分为硬线数控机床、计算机数控机床。除了上述三种分类以外，还有其他的分类方法，例如，按工艺用途可分为普通数控机床和加工中心数控机床；按控制轴数和联动轴数可分为三轴控制和两轴联动等多种数控机床。

8. 数控机床的坐标系

数控机床坐标系是为了确定工件在机床中的位置、机床运动部件的特殊位置（如换刀点、参考点等）以及运动范围（如行程位置）等而建立的几何坐标系，即右手直角笛卡儿坐标系。

9. 数控加工工艺内容

（1）选择适合在数控上加工的零件，确定工序内容。

（2）分析加工零件的图纸，明确加工内容及技术要求，确定加工方案，制定数控加工路线，如工序的划分、加工顺序的安排、非数控加工工序的衔接等。设计数控加工工序，如工序的划分、刀具的选择、夹具的定位与安装、切削用量的确定、走刀路线的确定等。

（3）调整数控加工工序的程序，如对刀点、换刀点的选择、刀具的补偿。

（4）分配数控加工中的公差。

（5）处理数控机床上部分工艺指令。

10. 数控编程

数控编程就是把待加工零件的全部工艺过程、工艺参数等加工信息以代码的形式记录在控制介质上，用控制介质上的信息来控制机床，自动实现零件的全部加工过程。数控编程分为手工编程和自动编程。对于几何形状不太复杂的零件用手工编程较经济省时。自动编程的实际含义是计算机辅助编程，图形交互式自动编程系统的信息处理过程是建立在CAD 和 CAM 的基础上，适用于复杂型面的加工。其处理过程是几何造型→刀具路径的产生→后置处理。

11. 程序的组成

一个完整的加工程序一般由程序名、程序主体和程序结束三部分组成。例如：

O1000；"程序名"

N10 G55 G40 G49 G80 G90；

N20 G91 G28 X0. Y0. Z0.；　　"程序主体"

⋮

　　N150　M30；"程序结束"

（1）程序名：它是程序的开始部分。每个独立的程序都有各自的程序名称。例如，FANUC 系统的程序名规定用字母"O"和 1～4 位数字表示；SIEMENS 系统的程序名则规定用"%"和"P"字母或数字混合组成。

（2）程序主体：包含机床加工前的状态要求和刀具加工零件时的运动轨迹。程序主体由若干个程序段组成，每个程序段由一个或多指令构成。

（3）程序结束：该指令编在程序最后一行，表示执行运行完所有程序指令后，主轴停止，进给停止，切削液关闭，机床处于复位状态；一般用 M02（程序结束后光标停在最后处）或 M30（程序结束后光标返回到程序的开头）表示。

12. 程序段格式

程序内容由若干程序段组成，程序段由若干字组成，每个字由字符（地址）和数字组成。字符指的是英文字母、特殊文字或数字。字地址程序段格式的编排格式如下：

N_G_X_Y_Z_I_J_K_P_Q_R_A_B_C_F_S_T_M_L_F_

（1）顺序号字 N。顺序号字又称程序段号或程序段序号。顺序号位于程序段之首，由顺序号字 N 和后续数字组成。顺序号字 N 是地址符，后续数字一般 1～4 位正整数。顺序号实际上是程序段的名称。一般使用方法：编程时将第一程序段冠以 N10，后面以间隔 10 递增的方法设置顺序号，这样在调试程序时如果需要在 N10 和 N20 之间插入程序段时，就可以使用 N11 等。

（2）准备功能字 G。准备功能字的地址符是 G，又称 G 功能或 G 指令，是建立机床或控制系统工作方式的一种指令。后续数字一般为 1～3 位正整数。

（3）尺寸字。尺寸字用于确定机床上刀具运动终点的坐标位置。

第一组 X，Y，Z，U，V，W，P，Q，R 用于确定终点的直线坐标尺寸；

第二组 A，B，C，D，E 用于确定终点的角度坐标尺寸；

第三组 I，J，K 用于确定圆弧轮廓的圆心坐标尺寸。

（4）进给功能字 F。进给功能字的地址符是 F，又称为 F 功能或 F 指令，用于指定切削的进给速度。

（5）主轴转速功能字 S。一般机床主轴转速范围是 20～6 000 r/min（转每分）。主轴的转速指令由 S 代码给出，S 代码是模态的，即转速值给定后始终有效，直到另一个 S 代码改变模态值。主轴的旋转指令则由 M03 或 M04 实现。

（6）刀具功能字 T。刀具功能字的地址符是 T，又称为 T 功能或 T 指令，由两位的 T 代码 T×× 指定加工时所用刀具的编号。地址 T 的取值范围可以是 1～99 的任意整数。

（7）辅助功能字 M。辅助功能字的地址符是 M，后续数字一般为 1～3 位正整数，又称为 M 功能或 M 指令，用于指定数控机床辅助装置的开关动作。

（8）程序段结束符。该字符写在每一程序段末尾，表示程序段结束。当用 EIA 标准代码时，结束符为"CR"，用 ISO 标准代码时为"NL"或"LF"。书面和显示的表达有的用"；"，有的用"*"，也有的没书面（显示）表示符号（空白）。

表 7.1 和表 7.2 分别列出了 FANUC-0 系统常用 G 代码和 M 代码。

表 7.1 FANUC-0 系统常用 G 代码

G 代码	分组	功 能	G 代码	分组	功 能
*G00	01	定位（快速移动）	*G54~G59	14	选用 1~6 号工件坐标系
*G01	01	直线插补（进给速度）	G73	09	深孔钻削固定循环
G02	01	顺时针圆弧插补	G74	09	反螺纹攻丝固定循环
G03	01	逆时针圆弧插补	G76	09	精镗固定循环
G04	00	暂停，精确停止	*G80	09	取消固定循环
G09	00	精确停止	G81	09	钻削固定循环
*G17	02	选择 XY 平面	G82	09	钻削固定循环
G18	02	选择 ZX 平面	G83	09	深孔钻削固定循环
G19	02	选择 YZ 平面	G84	09	攻丝固定循环
G27	00	返回并检查参考点	G85	09	镗削固定循环
G28	00	返回参考点	G86	09	镗削固定循环
G29	00	从参考点返回	G87	09	反镗固定循环
G30	00	返回第二参考点	G88	09	镗削固定循环
*G40	07	取消刀具半径补偿	G89	09	镗削固定循环
G41	07	左侧刀具半径补偿	*G90	03	绝对值指令方式
G42	07	右侧刀具半径补偿	*G91	03	增量值指令方式
G43	08	刀具长度补偿 +	G92	00	工件零点设定
G44	08	刀具长度补偿 −	*G98	10	固定循环返回初始点
*G49	08	取消刀具长度补偿	G99	10	固定循环返回 R 点

注：标有*的 G 代码是上电时的初始状态。

表 7.2 FANUC-0 系统常用 M 代码

M 代码	功 能	M 代码	功 能
M00	程序停止	M08	冷却开
M01	条件程序停止	M09	冷却关
M02	程序结束	M18	主轴定向解除
M03	主轴正转	M19	主轴定向
M04	主轴反转	M29	刚性攻丝
M05	主轴停止	M30	程序结束并返回程序头
M06	刀具交换	M98	调用子程序
		M99	子程序结束返回／重复执行

13. CAXA 数控编程软件

CAXA 是由我国北京海尔软件有限公司研制开发的 CAD/CAM 软件。它基于计算机平台，采用原创 Windows 菜单和交互方式，全中文界面，便于用户轻松地学习和操作。其特点是易学易用，价格较低，已在国内众多企业和研究院所得到应用。

（1）CAXA 基本工作流程：

① 生成加工零件的几何模型。利用 CAD 模块设计或读取其他 CAD 软件已建立的数据文件。

② 生成加工轨迹。根据加工要求，利用 CAM 模块确定刀具、机床类型、具体工艺参数，生成刀具轨迹。

③ 后置处理。根据选定的机床，生成加工代码。

（2）CAXA 软件数控编程基本操作：

① 鼠标左键：用来激活菜单、确定位置点、拾取元素等。

② 鼠标右键：用来确认、结束操作、停止命令，在"选择命令"状态下按右键，系统将重复上一次命令。

③ 回车键：即 Enter 键，结束数据输入、命令确认、重复上一次命令。

④ 空格键：弹出各种"工具菜单"。

⑤ F5：图形显示 xy 坐标平面（俯视图）；

　　F6：图形显示 yz 坐标平面（左视图）；

　　F7：图形显示 xz 坐标平面（侧视图）；

　　F8：图形显示轴测视图。

⑥ 图形处理：配置刀具轨迹的图形应光滑过渡并且无重复图素，若是封闭的图形则应无断点。

金工实习报告（先进制造技术基础 1 ）

班级：_____　学号：_____　姓名：_____　成绩：_____　教师签名：_____　日期：_____

一、填空题（10 分）

1. CAXA 软件的操作流程为_____、_____、_____。
2. 数控机床由_____、_____、_____、_____和_____组成。
3. CAXA 制造工程师软件用于_____。
4. 在编制数控程序时建立的坐标系是_____坐标系。
5. CAM 的含义是_____。

二、判断题（10 分）

1. 数控机床的核心部件是数控机床床身。（　　　）
2. 世界上第一台数控机床是一台数控车床。（　　　）
3. 数控机床加工成本比传统机床低。（　　　）
4. 数控机床坐标系是为了确定工件在机床中的位置、机床运动部件的特殊位置以及运动范围等而建立的。（　　　）
5. 手工编程适用于复杂型面的编程加工。（　　　）

三、简答题（20 分）

1. 简述实现数控机床自动化加工的工作过程。

2. 简述数控机床的特点。

四、用 CAXA 软件完成图 7.1 的自动编程（50 分）

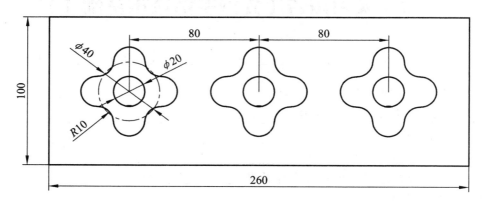

图 7.1   CAXA 加工图形

五、实习态度、出勤情况（10 分）

金工实习报告（先进制造技术基础 2）

班级：_____　学号：_____　姓名：_____　成绩：_____　教师签名：_____　日期：_____

一、填空题（10 分）

1. 数控机床的控制过程中路径控制是指_____。

2. 世界上第一台数控机床是一台_____。

3. CAXA 数控车软件用于_____。

4. 按照有无反馈，数控机床可分为_____和_____两类。

5. CAD 的含义是_____。

二、判断题（10 分）

1. 数控机床都有精密检测的装置与新型机械结构。（　　）

2. 数控机床按工艺用途可分为普通数控机床和加工中心数控机床。（　　）

3. 对于几何形状不太复杂的零件用手工编程较经济省时。（　　）

4. 数控编程是按照零件加工的技术要求和工艺要求编写零件的加工程序。（　　）

5. 线切割机床是一种特种加工机床，不是数控机床。（　　）

三、简答题（20 分）

1. 简述数控机床的特点及其分类。

2. 简述数控机床适合加工的工件类型。

四、用 CAXA 软件完成图 7.2 的自动编程（50 分）

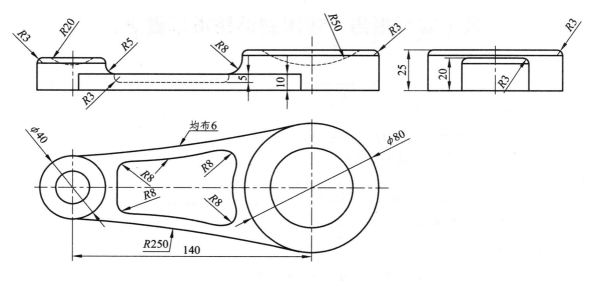

图 7.2　CAXA 加工图形

五、实习态度、出勤情况（10 分）

金工实习报告（先进制造技术基础 3）

班级：_____　学号：_____　姓名：_____　成绩：_____　教师签名：_____　日期：_____

一、填空题（10 分）

1. 数控机床就是由_____控制的机床。

2. 数控机床的核心部件是_____。

3. CAXA 数控线切割软件用于_____。

4. 自动编程软件适合加工_____、_____和_____的工件。

5. 一个数控程序段是由一条_____或若干条_____组成。

二、判断题（10 分）

1. 自动编程系统的信息处理过程是建立在 CAD 和 CAE 基础上的。（　　　）

2. 数控加工中心机床有刀库，可实现自动换刀功能。（　　　）

3. 数控机床不适合产品研发阶段的试加工。（　　　）

4. 数控编程分为手工编程和自动编程。（　　　）

5. 特种加工是利用非机械能进行加工的。（　　　）

三、简答题（20 分）

1. 简述数控加工工艺内容。

2. 简述 CAXA 数控软件自动编程流程。

四、用 CAXA 软件完成图 7.3 的自动编程（50 分）

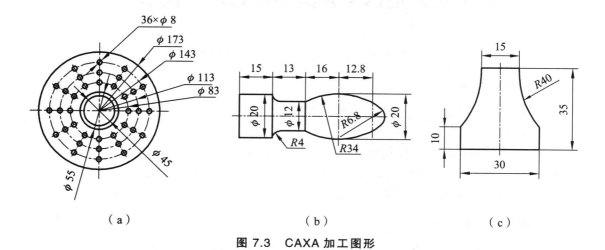

（a）　　　　　　　　（b）　　　　　　　　（c）

图 7.3　CAXA 加工图形

五、实习态度、出勤情况（10 分）

第 8 章　数控车床加工

8.1　目的与要求

1. 目　的

（1）了解 FANUC、KND 系统数控车床的型号、组成。

（2）熟练掌握数控车床 G、M 代码与地址符的含义。

（3）熟练掌握手工编程的思路、步骤与方法。

（4）熟练掌握数控车床操作面板各键、按钮、开关的含义，并能正确使用。

（5）熟悉、遵守数控车床操作规程。

（6）熟练掌握数控车床操作流程并根据零件图编程、加工零件。

实习 1 周的目的为（1）、（4）、（5）、（6）四项，实习 2 周、3 周的目的为（1）、（2）、（3）、（4）、（5）、（6）六项。

2. 要　求

（1）在指导老师的指导下，遵守数控车床操作规程，熟悉数控车床的操作面板。

（2）熟悉数控车床 G、M 代码与地址符的含义，会编写简单零件图的加工程序。

（3）掌握数控车床操作流程，能使用数控车床加工零件。

（4）对加工的零件进行检验，能分析零件的缺陷，并提出解决的方案。

实习 1 周的要求为（1）、（3）两项，实习 2 周、3 周的要求为（1）、（2）、（3）、（4）四项。

8.2　基础知识

8.2.1　数控车床

数控车床是数字程序控制车床的简称，它集通用性好的万能型车床、加工精度高的精密型车床和加工效率高的专用型普通车床的特点于一身，是国内使用量最大、覆盖面最广的一种数控机床，占数控机床总数的 25% 左右。

数控车床分为机械和电气两部分，其机械部分与普通车床的机械部分几乎一模一样，电气部分实际上就是数控系统，是机床的控制部分。工件装夹在主轴轴端，做旋转运动；刀具安装在刀架上，作横向、纵向移动。因此，在普通车床上能够完成的加工内容，在数控车床上都可以完成，如车削内外圆柱、圆锥面、内外（直、锥）螺纹等零件。同时由于数控系统和伺服系统的引入，数控车床还可以加工各种非解析的内外回转表面。如图 8.1 所示。

图 8.1　KND 数控车床外观图

8.2.2　KND 数控车床操作键

1. 数字与字母键

7位 O置 1	8位 N置 2	9位 G置 3	P
4 − X	5 Z	6 U	W
1 H	2 F	3 R	SHIFT
− M	O S	· T	EOB

SHIFT　上挡键。

EOB　回车换行键。

2. 编辑键

插入　用于程序插入的编辑操作。

修改　用于程序修改的编辑操作。

删除　用于程序删除的编辑操作。

取消　用于程序编辑方式下键入指令后取消键入，或录入方式下键入指令后取消键入的编辑操作。

输入　用于程序从计算机传进数控车床的操作。

输出　用于程序从数控车床传出到计算机的操作。

RESET　解除报警，CNC 复位；自动运行时停止。

3．显示机能键

刀补　显示刀补画面，重复按时，切换刀补及测量画面。

参数　显示参数画面，重复按时，显示下一页。

位置　显示位置画面，重复按时，显示下一页。

程序　显示程序画面，重复按时，切换为程序目录栏。

诊断　显示诊断画面，重复按时，不变。

报警　显示报警画面，重复按时，报警与 PLC 报警画面切换。

调试图形　显示调试，重复按时，调试与图形画面切换。

4．翻页按钮（PAGE）

使 LCD 画面的页逆方向更换。

使 LCD 画面的页顺方向更换。

5．光标移动（CURSOR）

使光标向上移动一个区分单位。

使光标向下移动一个区分单位。

6．手动控制键

手动/单步方式下，按下此键，主轴正向转动启动。

手动/单步方式下，按下此键，主轴反向转动启动。

手动/单步方式下，按下此键，主轴停止转动。

点动　手动/单步方式下，按下此键，主轴变速齿轮啮合。

手动/单步方式下，按下此键，同带自锁的按钮，进行"开→关→开…"切换。

手动/单步方式下，按下此键，刀架旋转一个位置，换下一把刀。

7．辅助机能操作键

进给倍率。进给倍率增、减，手动方式下手动速率选择，自动方式下进给倍率选择。

快速倍率。回零速率、快速倍率增、减，有 F0、25%、50%、100%四挡。

手轮增量。手轮或单步增量增、减。

主轴倍率。轴转动速率增、减，50%～120%，间隔 10%。

8．旋转暂停三位旋钮

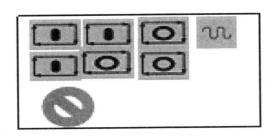

正常，主轴旋转、刀架进给。

主轴旋转，刀架进给暂停。

主轴旋转和刀架进给同时暂停。

9. 模式选择开关

 EDIT：进入编辑模式，用于直接操作面板输入数控程序和编辑程序。

AUTO：进入自动加工模式，用于机床自动运行。

MDI：进入手动数据输入模式，用于手工输入指令。

REF：进入返回参考点，用于机床返回零点建立机床坐标系。

JOG：进入手动方式，用于手动移动刀架或者手动更换刀具。

单步 　每按一次坐标轴，移动一次，移动增量 4 挡：0.001 mm、0.01 mm、0.1 mm、1 mm（在位置画面，按手轮增量 ▮、▮ 键）。

10. 手动移动机床台面按钮

选择移动坐标轴，按 正方向移动按钮或负方向移动按钮，刀架向相应方向移动。刀具距离工件或尾座较远时可按快速进给按钮 。

11. 其　他

液晶屏亮度调整旋钮。

紧急停止按钮，自动加工时出现紧急情况需要停止时按此键。

循环启动按钮，录入方式下或自动方式下按此键开始执行。

8.3　数控车床操作规程

1. 操作前

（1）要听从指导老师的指挥、安排，遵循"安全第一，教学为主"的总原则。

（2）操作数控车床时请穿好工作服，女生戴好工作帽，不允许戴手套操作。

（3）不允许采用压缩空气清洗机床、电气柜及 NC 单元。

（4）多人操作练习时要注意相互间的协调、配合。

（5）注意不要移动、损坏安装在机床上的警告标牌，不要在机床周围放置障碍物，工作空间应足够大。

2. 操作中

（1）机床开机后要预热，若长时间未使用，应使用手动方式运转机床。

（2）车床运转中，操作者不得离开岗位，发现异常现象应立即停止，并报告指导老师。

（3）加工过程中，不允许接触机床各部分或打开防护门，要远离机床。

（4）禁止用手或身体接触旋转的主轴、工件或其他运动部分，不允许在主轴旋转时进行刀具的安装、拆卸、装夹工件及清除切屑等操作。

（5）禁止用手或身体接触刀尖和铁屑，必须用铁钩或毛刷清理铁屑。

（6）使用变速手柄变速时，主轴必须停止。

3．操作后

（1）清除切屑，擦拭机床，打扫车间卫生。

（2）检查显示屏有无报警，若有要及时解除并记录。

（3）检查主轴箱、润滑油箱的油位线，及时添加或更换。

（4）依次关掉机床的电源和总电源开关。

8.4　KND 数控车床操作流程

8.4.1　开　机

（1）开电源总开关→按机床左侧按钮 ▮ ON→按紧急停止按钮 ⬤ 右旋弹开。

（2）X、Z 轴负向移动一段距离，X、Z 坐标值显示 −40.00 以上。按 手动 键，先按 ⬅Z 键，再按 ▮X 键。

8.4.2　回　零

（1）按 位置 键，显示坐标；重复按，依次显示相对坐标 U、W，绝对坐标 X、Z，综合坐标（相对、绝对、机床、余移坐标）。

（2）按 ⬥ 键，选择移动轴 ⬌ ⬍ ，先按一次 ⬇ 键，再按一次 Z⇒ 键，X（U）、Z（W）坐标值显示 0.000，相应地址 X（U）、Z（W）闪烁。

注意：移动坐标轴时，一定要边按边看，看刀具与卡盘上工件或尾座的距离，谨防相撞。

8.4.3　安装刀具

外圆车刀安装在 1 号工位，切断车刀安装在 3 号工位。

（1）安装时刀具应装在刀架上，选择一个空的刀位，转至当前位置，松开螺钉。

（2）刀具刀尖向外，刀尖与刀架距离为 30～40 mm；刀具装正，刀具垂直于刀架，其左侧面与刀架左侧面对齐、平行。

（3）调整刀具中心高，通过垫薄的金属片使刀具刀尖对准工件圆心。

（4）用专用工具拧紧螺钉。

8.4.4 装夹毛坯

根据加工需要选择毛坯 $\phi 34$ mm$\times L75$ mm。装夹时，毛坯伸出卡盘$\geqslant 65$ mm，以卡爪为基准，用游标卡尺测量；用手柄转动卡盘眼，当卡爪接触工件时再用手柄转动卡盘，检查三爪是否接触工件，同时接触时再拧紧；工件一定要夹正，主轴转动时工件左右晃动的幅度要小。

8.4.5 换 刀

（1）手动换刀，按 ▨ 键，再按 ▨ 键，每按一次刀架顺时针转动一个位置，不要连续按，一定要等刀架停下来以后再按。

（2）自动（指令）换刀，按 ▨ 键，再按 程序 键，键入 T0100～T0400，按 插入 键，最后按 ▨ 键。

注意：换刀时刀架要在一个安全点，必须远离工件和主轴。

8.4.6 程序编辑

按 调试/图形 键，再按 ▨ 键，程序开关开。

（1）编辑程序：按 ▨ 键，再按 程序 键，在程序目录栏页面选择一个没有使用的程序号 O0001。只能在程序页面键入程序号 O0001，按 ▨ 键，顺序号自动生成，依次输入。

（2）输入指令：按 插入 键，每行键入最后一个指令时按 ▨ 键。

（3）调程序：在目录栏页面或程序页面键入需要调用的程序号 OXXXXX，按光标 ⬇ 键。

（4）修改程序：先调需要修改的程序，把光标移动到程序中需要修改的位置，键入修改内容，按 修改 键。

（5）删除指令：先调需要删除的程序，把光标移动到程序中需要删除的位置，按 删除 键。

（6）删除程序：在目录栏页面或程序页面键入需要删除的程序名 OXXXXX，按 删除 键。

8.4.7 试切对刀

对刀是数控加工中较为复杂的工艺准备之一，目的是通过对刀建立刀具工件坐标系。对刀的效果将直接影响到加工零件的尺寸精度。在执行加工程序前，调整每把车刀的刀位点，使其尽量重合于某一理想基准点，这一过程称为对刀。理想基准点可以设定在基准刀的刀尖上，也可以设定在对刀仪的定位中心（如光学对刀镜的十字刻线交点）上。

刀位点是指在加工程序编制中，用以表示刀具特征的点，也是对刀和加工的基准点，如图 8.2 所示。

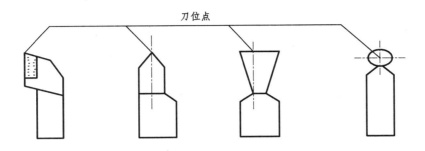

图 8.2　车刀刀位点示意图

1. 刀具类型

（1）外圆车刀：俗称偏刀，车外轮廓、端面、倒角。
（2）切断车刀：俗称切刀，切断、挖槽、倒角。
（3）螺纹车刀：分内（镗刀）、外（直螺纹车刀），车内、外螺纹。
（4）倒角车刀：倒角。
（5）直柄麻花钻头：钻孔。
车刀类型如图 8.3 所示。

（a）外圆车刀　　　　　　　（b）切断车刀　　　　　　（c）镗刀（内螺纹车刀）

（d）外螺纹车刀　　　　　　（e）倒角车刀　　　　　　（f）直柄麻花钻头

图 8.3　车刀类型

2. 手动试切对刀步骤

（1）确定需要对刀的刀具。
　　调加工程序查看刀具使用情况，使用 T0101 外圆车刀、T0303 切断车刀两把车刀。由于外圆车刀可以车削毛坯端面，外圆为基准面，对刀时先对外圆车刀，再对切断车刀等。
（2）对外圆车刀。
　　① 换外圆车刀，按 █ 键，再按 程序 键，键入 T0100，按 插入 键，最后按 █ 键。
　　② 车削毛坯端面：
　　• 调整进刀位置，主轴停止状态下按 █ 键，选择移动轴 █ 键，移动 X、Z 坐标轴，刀尖离端面厚度 1 mm。

- 主轴正转，先按 [风] 键移动一段距离，再按 [手动] 键，最后按 [正转] 键。
- 进刀，按 [位置] 键进入大坐标页面，再按进给倍率下键修调进给速度至 32，后按 X 轴负向键车削工件端面刀尖至圆心停下。按 [刀补] 键，再按 [囯囯] 键，光标停在序号 101 位置，键入 Z0，最后按 [插入] 键。检查序号 101 中的 Z 值与该页面右下角的 W 值一致。

注意：未键入 Z 轴坐标零点坐标值前 Z 轴不能移动，否则建立的 Z0 是错误的。

③ 车削毛坯外圆：

- Z 轴不动，再按 [风] 键，沿 X 轴移至刀尖至外圆厚度 2 mm。
- 进刀，按 Z 轴负向键车削工件外圆，长度 10 mm 左右，按 [停止] 键，X 轴不动，再按 [Z] 键沿 Z 轴移刀架至安全位置，用游标卡尺测量车削部分直径 27.8 mm，按 [刀补] 键，键入 X27.8，最后按 [插入] 键。检查序号 101 中的 X 值与该页面右下角的 U 值的绝对值差为 27.8。

注意：未键入 X 轴坐标零点坐标值前 X 轴不能移动，否则建立的 X0 是错误的。

（3）对切断车刀。

① 换切断车刀，按 [输入] 键，按 [程序] 键，键入 T0300，再按 [插入] 键，最后按 [启动] 键。

② 接触毛坯端面，按 [手动] 键，选择移动轴 [X Z] 键，移动 X、Z 坐标轴，刀尖接触工件端面，按 [刀补] 键，再按 [囯囯] 键，按光标 [↓] 键移动到序号 103 位置，键入 Z0，最后按 [插入] 键。检查序号 103 中的 Z 值与该页面右下角的 W 值一致。

注意：未键入 Z 轴坐标零点坐标值前 Z 轴不能移动，否则建立的 Z0 是错误的。

③ 接触毛坯外圆，Z 轴不动，按 [风] 键，把刀尖移至毛坯外，再按 Z、X 轴负向键，刀尖接触外圆，键入 X27.8，最后按 [插入] 键。检查序号 103 中的 X 值与该页面右下角的 U 值的绝对值差为 27.8。

注意：未键入 X 轴坐标零点坐标值前 X 轴不能移动，否则建立的 X0 是错误的。

8.4.8 自动加工

（1）按 [程序] 键，显示一个程序，检查光标是否在程序头，若不在叫指导老师。

（2）重复按 [位置] 键至显示坐标与加工程序的页面，检查绝对坐标系中 X 值为负值，若为正值叫指导老师。

（3）按 [自动] 键，再按 [启动] 键。若加工时出现紧急情况需要停止时按 [急停] 键，机床将在相应的位置和待机状态停下来。

注意：光标必须在程序头，绝对坐标系中 X 值必须为负值，必须具备以上两点要求才能按 [自动] 键启动，进行自动加工。

8.4.9 关 机

（1）机床回零，按前面"回零"的操作步骤进行。

（2）按紧急停止按钮 ⬤ →按机床左侧 ▭ 键 OFF→关总电源开关。

8.5　注意事项

（1）参加实习的学生必须学会单独操作数控车床加工零件。

（2）要严格按照操作规程、操作流程进行操作，不允许违章操作。出现问题要及时叫指导老师。

（3）报警解除：坐标轴超程报警，显示"X＋"或"X－"，"Z＋"或"Z－"超程，朝对应坐标轴相反方向手动移动坐标轴至安全位置，按 ▭ 键；其他报警直接按 ▭ 键置报警解除，不能解除时查阅相关说明书。

金工实习报告（数控车床1）

班级：_____ 学号：_____ 姓名：_____ 成绩：_____ 教师签名：_____ 日期：_____

一、填空题（15分）

1. 数控车床主要由_____和_____两部分组成。

2. 要听从指导老师的指挥、安排，遵循"_____，_____"的总原则。

3. 禁止用手或身体接触旋转的_____、_____或其他运动部分，不允许在主轴旋转时进行刀具的_____、_____、_____工件及清除切屑等操作。

4. 检查_____、_____的油位线，低于油位线及时添加规定的机油至油位线。

5. 对刀的目的是建立以工件端面为_____，轴心为_____的工件坐标系，每把车刀建立一个_____工件坐标系。

二、单选题（15分）

1. 车削工件装夹在主轴轴端，做（   ）运动。
   （A）上下   （B）旋转   （C）前后

2. 不允许采用（   ）清洗机床、电气柜及 NC 单元。
   （A）压缩空气   （B）酒精   （C）水

3. 调程序，在目录栏页面或程序页面键入需要调用的程序号 OXXXXX，按（   ）键。
   （A） [图标] 键   （B） 插入 键   （C）光标 ⬇

4. 数控车床除了具备普通车床加工内容，还可以加工各种（   ）的内外回转表面。
   （A）非解析   （B）二维半   （C）三维

5. 数控车床的数量占数控机床总数的（   ）。
   （A）35%   （B）15%   （C）25%

三、简答题（10分）

1. KND 数控车床如何手动回零？

2．KND 数控车床如何手动换刀？

四、实习操作（50 分）

指导老师讲解、演示，学生练习操作流程并加工图 8.4 所示零件。

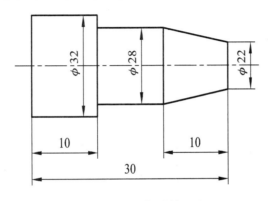

$\phi32$ $\phi28$ $\phi22$

10   10

30

图 8.4 阶台零件图

五、实习态度、出勤情况（10 分）

金工实习报告（数控车床2）

班级：_____ 学号：_____ 姓名：_____ 成绩：_____ 教师签名：_____ 日期：_____

一、填空题（10分）

1. 操作数控车床时请穿好工作服，女生戴好_____，不允许戴_____操作。

2. 操作结束时，清除_____，擦拭_____，打扫车间卫生；依次关掉机床的电源和总电源开关。

3. 要严格按照操作规程、操作流程进行操作，不允许_____。出现问题要及时叫_____。

4. 对刀时，若某个坐标轴还未键入相应的坐标值时，其相应坐标轴是不能_____，否则建立的工件坐标系是_____，将直接影响零件的尺寸。

5. 移动坐标轴时，一定要_____，看刀具与卡盘上工件或尾座的距离，_____。

二、手工编程（30分）

学生根据所学编程知识，对图8.5阶台零件图进行分析、编写加工程序。

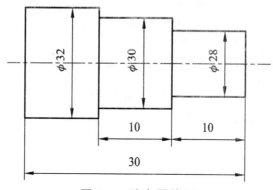

图 8.5 阶台零件图

三、实习操作（50分）

指导老师讲解、演示，学生练习操作流程并加工图8.6所示的零件。

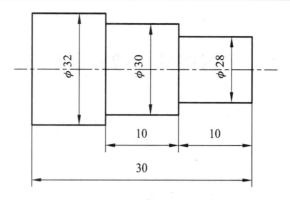

图 8.6　阶台零件图

四、实习态度、出勤情况（10 分）

金工实习报告（数控车床 3）

班级：_____ 学号：_____ 姓名：_____ 成绩：_____ 教师签名：_____ 日期：_____

一、填空题（10 分）

1. KND 数控车床加工程序中，S1 选择_____，S2 选择_____。

2. 手动试切对刀时，首先调加工程序查看刀具使用情况，确定需要对刀的_____和_____。

3. 自动加工时，光标必须在_____，绝对坐标系中 X 值必须为_____，若为正值时必须立即叫指导老师。

4. 调整刀具中心高时，主要通过垫_____使刀具刀尖对准_____。

5. 刀位点是指在加工程序编制中，用以表示_____的点，也是对刀和加工的_____。

二、手工编程（30 分）

学生根据所学编程知识，对图 8.7 所示阶台零件图进行分析、编写加工程序。

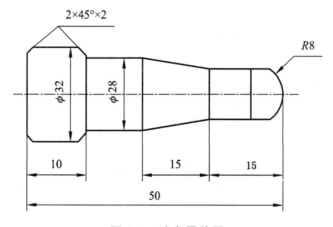

图 8.7 阶台零件图

三、实习操作（50分）

指导老师讲解、演示，学生练习操作流程并加工图 8.8 所示零件。

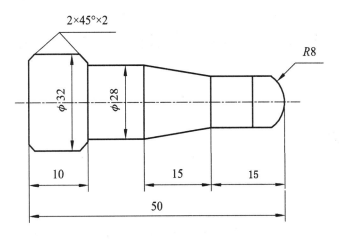

图 8.8　综合轮廓零件图

四、实习态度、出勤情况（10分）

第9章 数控铣床及加工中心

9.1 目的与要求

1. 目 的

（1）了解数控技术在铣削加工中的应用及其加工特点。

（2）了解数控铣床/加工中心的工作原理、种类、结构、性能及应用。

（3）掌握零件加工程序的编制方法和输入方法。

（4）熟悉数控铣床/加工中心零件加工的工艺过程和操作方法。

2. 要 求

（1）在指导老师指导下，完成零件加工程序的编制、校验。

（2）在指导老师指导下，按操作规程用数控铣床/加工中心加工零件。

9.2 基础知识

1. 数控铣床和加工中心

数控铣床是由普通铣床发展而来的一种数字控制机床。加工中心是 1959 年由美国克耐·杜列（Keaney&Trecker）公司在数控铣床的基础上开发出了具有刀具库、刀具自动交换装置（ATC）的数控机床。与普通数控机床相比，加工中心的特点是数控系统能控制机床自动更换刀具，连续地对工件各加工表面自动进行钻削、扩孔、铰孔、镗孔、攻丝和铣削等多种工序的加工，工序高度集中。

数控铣床/加工中心能够铣削加工各种平面轮廓和立体轮廓零件，如各种形状复杂的齿轮、样板、模具、叶片、螺旋桨等。此外，配上相应的刀具还可进行钻、扩、铰、锪、镗孔和攻螺纹等。

根据机床主轴与工作台的位置关系可将数控铣床分为 3 类：立式数控铣床（主轴垂直于工作台）、卧式数控铣床（主轴平行于工作台）、万能数控铣床（也称立卧两用铣床）。

加工中心按功能特征不同分为镗铣加工中心、钻削加工中心、复合加工中心；按所用自动换刀装置不同分为转塔头加工中心、刀库＋主轴换刀加工中心、刀库＋机械手＋主轴换刀加工中心、刀库＋机械手＋双主轴转塔头加工中心；按所用工作台结构特征不同分为单、双工作台和多工作台式加工中心；按主轴种类不同分为单轴、双轴、三轴和可换主轴箱的加工中心等。

2. KV650/B 型数控铣床的 FANUC 0i Mate-MB 数控系统和操作面板

KV650/B 型数控铣床采用的 FANUC 0i Mate-MB 数控系统的各按键功能见表 9.1，其操作面板如图 9.1 所示。

表 9.1　FANUC 0i Mate-MB 数控系统面板按键功能说明

按键	功　能	按键	功　能
（图标）	地址和数字键	EOB	按下该键生成分号";"
ALTER	替换键	INSERT	插入键，用于输入程序
DELETE	删除键	CAN	取消键，用于删除最后一个进入输入缓存区的字符或符号
INPUT	输入键，用于输入工件偏移值、刀具补偿值	RESET	复位键，用于使 CNC 复位或取消报警等
PAGE	换页键，用于将屏幕显示的页面向前或向后翻页	CURSOR	光标移动键，在程序中，按向上光标键，光标向前移动；按向下光标键，光标向后移动
POS	显示位置屏幕	PRGRM	显示程序屏幕
MENU OFSET	显示偏置/设置屏幕	AUX GRAPH	图形显示功能
（图标 <<）	软键，按下功能键后，按与屏幕文字相对的软键，可以进入该菜单；最左侧带有向左箭头的软键为菜单返回键，最右侧带有向右箭头的软键为菜单继续键	OPR ALARM	机床故障信息显示

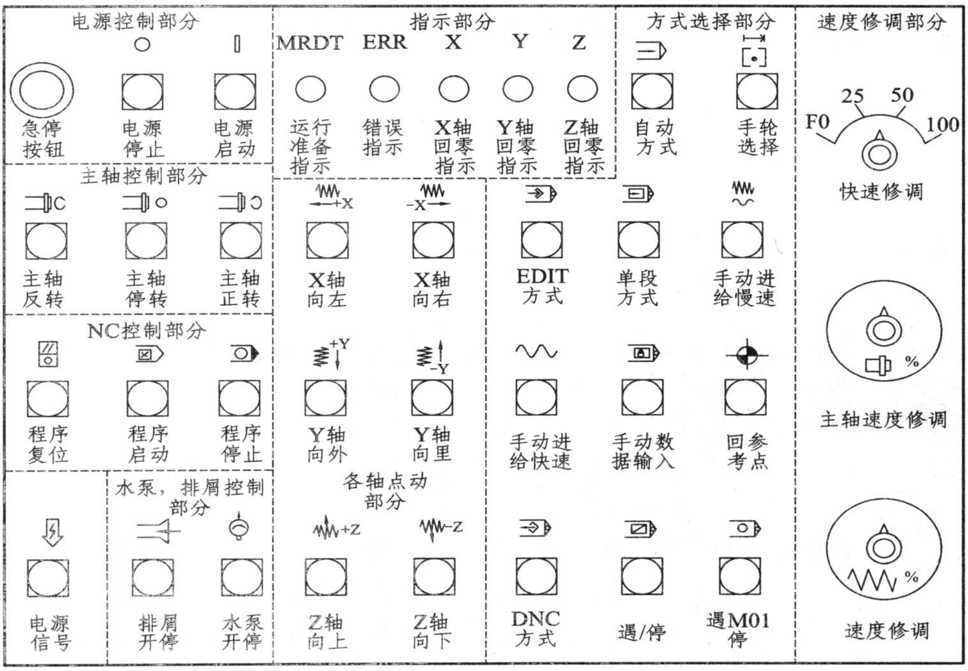

图 9.1　KV650/B 型数控铣床的操作面板

3. 机床操作步骤

（1）开机。

打开外部电源开关，启动机床电源，将操作面板上的紧急停止按钮右旋弹起，按下操作面板上的电源开关，若开机成功，显示屏显示正常，无报警。

（2）机床返回参考点/回原点。

① 选择"返回参考点/回原点"模式。

② 调整进给速度倍率开关于适当位置。

③ 先按下坐标轴的正方向键+Z，坐标轴向原点运动，当到达原点后运动自然停止，屏幕显示原点符号，此时坐标显示中 Z 机械坐标为零。机床回原点完毕，CRT 所显示的界面如图 9.2 所示。

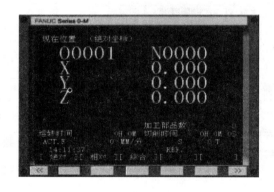

图 9.2 机床回原点 CRT 显示的界面

注意：不允许停留在各轴零点位置上进行回零操作，距本轴零点位置距离必须大于 20 mm 以上。

（3）在"手动点动/手动快速"方式下，把机床的 X、Y、Z 轴移到坐标轴的中位附近。

（4）在机床工作台上装夹好毛坯，测量并记录毛坯的长度、宽、高等尺寸。

（5）安装刀具。

① 确认刀具和刀柄的重量不超过机床规定的许用最大重量。

② 清洁刀柄锥面和主轴锥孔。

③ 左手握住刀柄，将刀柄的键槽对准主轴端面键垂直伸入主轴内，不可倾斜。

④ 右手按下换刀按钮，压缩空气从主轴内吹出以清洁主轴和刀柄，按住此按钮，直到刀柄锥面与主轴锥孔完全贴合后，松开按钮，刀柄即被自动夹紧，确认夹紧后方可松手。

⑤ 刀具装上后，用手转动主轴检查刀柄是否正确装夹。

⑥ 卸刀具时，先用左手握住刀柄，再用右手按换刀按钮（否则刀具从主轴内掉下，可能会损坏刀具、工件和夹具等），取下刀具。

（6）手动数据输入运行（MDI）。

按 MDI 键进入手动数据输入工作方式，键入主轴旋转指令（如 M03 S500），按操作面板上的"循环启动/程序启动"键，执行该命令；再键入主轴旋转停止指令 M05，按"循环启动/程序启动"键，执行该命令，使轴旋转停止。

（7）用试切法对刀。

① 在"手轮"方式下，分别移动 X 轴、Y 轴，使主轴刀具侧面和工件的对刀基准面 ——工件的右侧面正好相接触（如图 9.3 所示，工件坐标系原点位于工件的顶面中心）。记录此时屏幕上显示的 X 坐标值（设为 $L_1 = -432.209$ mm），-432.209 mm 只是一个假设的读数，与工件装夹在工作台上的实际位置有关。

用同样的方式记录主轴刀具侧面和工件的对刀基准面 ——工件的前侧面正好相接触时的 Y 坐标值（设为 $L_2 = -254.290$ mm）。

再用同样的方式记录主轴刀具下端面和工件的对刀基准 ——工件的上面正好相接触的 Z 坐标值（设为 $L_3 = -105.529$ mm）。

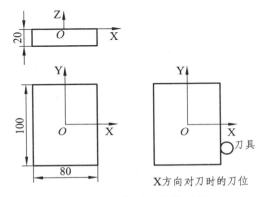

图 9.3　长方形工件的对刀

② 计算工件坐标系的原点和机床原点的距离。用上述方法得到的 X、Y、Z 这 3 个数据决定了工件坐标系的原点和机床零点的相对位置。设刀具直径为 $\phi 8$mm，则工件坐标系原点和机床原点的距离计算如下：

x 方向　　$L_x = L_1 - 4 \text{ mm} - 40 \text{ mm} = (-432.209 - 4 - 40) \text{ mm} = -476.209 \text{ mm}$

y 方向　　$L_y = L_2 + 4 \text{ mm} + 50 \text{ mm} = -200.290 \text{ mm}$

z 方向　　$L_z = L_3 = -105.529 \text{ mm}$

X、Y、Z 这三个值就是想假定的工件坐标系的零点到机床零点的偏移量。由于机床零点在 X、Y、Z 轴的正方向极限位置，偏移量一般应是负的。

③ 按"MENU OFSET"键进入刀具偏置设置页面（见图 9.4），按"坐标系"软键使屏

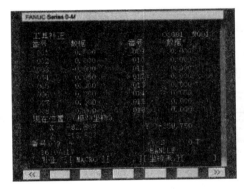

图 9.4　刀具偏置界面

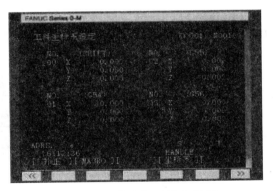

图 9.5　工件坐标系设定界面

幕显示"工件坐标系"页面（见图9.5），按光标向下键移动光标到N01.01（对应G55）处，输入"X-475.209"，按"输入"键;输入"Y-200.290"，按"输入"键;输入"Z-105.529"，按"输入"键。这三个偏移值就被输入到G55工件坐标系的偏移量存储器中。

④ 按"MDI"键进入手动数据输入页面，输入"G55 G01 X0. Y0. Z20. G55 F300"，左手放在"紧停按钮"上，右手按下"循环/程序启动"键，进行对刀检查。

（8）刀具偏置（半径/长度补偿值）设置。

按MDI键盘上的"MEUN OFSET"键→按屏幕下方的软键选择"补正" 软键进入刀具偏置界面（见图9.4）→在屏幕上通过光标移动键将光标移至所选刀号→按MDI键盘数据键输入刀具半径补偿值或长度补偿值。

（9）程序编辑（EDIT）。

① 创建新程序。

按"编辑"键→按MDI键盘上的"程序（PROG）"键→按CRT屏幕下方的"DIR"软键→通过MDI键盘输入新程序文件名（OXXXX）→按MDI键盘上的"INSERT"键→通过MDI键盘输入程序代码，内容将在CRT屏幕上显示出来。

② 程序的调入。

按"编辑（EDIT）"键→按MDI面板上"程序（PROG）"键显示程序屏幕→在MDI键盘上输入要调入的程序文件名（OXXXX）→按CRT显示屏下的"O检索"软键，CRT显示屏上将显示出所选程序内容。

③ 程序修改。

按"编辑"键→按MDI键盘上的"程序（PROG）"键→通过MDI键盘输入要修改的程序文件名（OXXXX）→按CRT屏幕下方的"O检索"软键，屏幕上即可显示要修改的程序内容→使用MDI键盘上的光标移动键和翻页键，将光标移至要修改的字符处→通过MDI键盘输入要修改的内容→按MDI键盘上的程序编辑键"ALTER、INSERT、DELETE"对程序进行"替代"、"插入"或"删除"等操作。

④ 程序删除。

按"编辑"键→按MDI键盘上的"程序"（PROG）键→通过MDI键盘输入要删除的程序文件名（OXXXX）→按MDI键盘上的"删除"（DELETE）键，即可删除该程序文件。

（10）程序自动运行。

在自动运行方式下，打开单段序段开关，打开检测页面，左手放在紧急停止开方上方，右手按循环启动，一段一段执行，以防出错。吃刀后，关闭单段序段，将快速倍率调到100%，进给倍率90%关闭防护门，至程序结束。

（11）零件加工完成后，测量零件尺寸，合格后取下工件。加工中心还需进入"MDI"状态，输入命令"G54 G30 Z0."，按下"程序/循环启动"键，使机床主轴返回"换刀点"。

（12）在"手动点动/快速"方式下，取下刀具，把机床的X、Y、Z轴移动到该轴的中位附近。

（13）按下"紧停按钮"→按下"NC电源开关"→切断"机床总电源开关"。

（14）清洁机床，关闭机床防护门。

4．DNC 运行

DNC 加工，也叫在线加工。将机床与计算机或网络联机→按"DNC"键→按 MDI 面板上"程序（PROG）"键→在联机 NC 计算机准备完毕后按操作面板上的"程序启动"键→打开计算机上的程序传输软件，开始传输加工程序。

9.3 数控铣床/加工中心操作安全规程

（1）实习前必须仔细阅读实习指导书，未经指导老师同意，不得开动机床设备，否则将承担由此造成的经济损失。

（2）开、关机时，应保证工作方式处于急停状态。

（3）加工时不要触摸刀具和工件。

（4）操作时必须在老师的指导下单独轮流进行，一位同学操作时，其他同学不得启动（关停）机床任何按钮，以免对操作者或机床设备造成损害。

（5）程序必须经过严格的校验才能进行加工操作，自动加工时不能离开机床。

（6）严禁随意修改或删除机床参数和内部程序。

（7）如遇紧急情况，应快速按下面板上的急停按钮。

（8）如按下急停或出现任何异常情况，应立即报告指导老师，不得擅自处理，以免损坏设备。

（9）刀具要轻拿轻放，禁止碰撞。

（10）实习结束后，应切断电源，打扫场地和清洁机床。

金工实习报告（加工中心 1）

班级：_____ 学号：_____ 姓名：_____ 成绩：_____ 教师签名：_____ 日期：_____

一、选择题（20 分）

1. 不属于加工中心的特点的是（　　）。
   （A）工序分散、不集中　　　　　（B）加工精度高
   （C）加工生产率高　　　　　　　（D）经济效益高

2. 数控机床的核心部分是（　　）。
   （A）床身　　　　　　　　　　　（B）主轴部件
   （C）数控装置　　　　　　　　　（D）辅助设备

3. （　　）表示主轴反转的指令。
   （A）G50　　　　　　　　　　　（B）M04
   （C）G66　　　　　　　　　　　（D）M62

4. 在 CRT/MDI 面板的功能键中，显示机床现在位置的键是（　　）。
   （A）POS　　　　　　　　　　　（B）PRGRM
   （C）OFFSET

5. 准备功能 G90 表示的功能是（　　）。
   （A）预置寄存　　　　　　　　　（B）固定循环
   （C）绝对尺寸　　　　　　　　　（D）增量尺寸

6. 为了使数控机床在完成加工后自动返回到原加工程序的起始点，程序结束符应使用（　　）。
   （A）M00　　　　　　　　　　　（B）M01
   （C）M02　　　　　　　　　　　（D）M03

7. （　　）只接收数控系统发出的指令脉冲，执行情况系统无法控制。
   （A）半开环伺服系统　　　　　　（B）半闭环伺服系统
   （C）开环伺服系统　　　　　　　（D）联动环伺服系统

8. G00 的指令移动速度值是（　　）。
   （A）机床参数指定　　　　　　　（B）数控程序指定
   （C）操作面板指定

9. 数控系统所规定的最小设定单位是（　　）。
   （A）数控机床的运动精度　　　　（B）机床的加工精度
   （C）脉冲当量　　　　　　　　　（D）数控机床的传动精度

10. 数控机床指的是（　　）。
    （A）装有数控的专用机床　　　　（B）带有坐标轴位置显示的机床
    （C）采用了数字控制技术的机床　（D）加工中心机床

二、判断题（10 分）

1. 加工程序的每行称为一个子程序。（　　　）

2. 加工中心的刀具由可编程控制器管理。（　　　）

3. 加工中心的特点是加大了劳动者的劳动强度。（　　　）

4. 在机床通电后，无须检查各开关按钮和键是否正常。（　　　）

5. 不同的数控机床可能选用不同的数控系统，但数控加工程序指令都是相同的。

（　　　）

三、简答题（10 分）

1. 简述加工中心可加工的零件类型。

2. 简述加工中心进行零件加工的操作步骤。

四、操作题（50 分）

使用加工中心完成如图 9.6 所示零件的编程及加工。

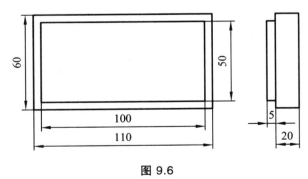

图 9.6

五、实习态度、出勤情况（10 分）

金工实习报告（加工中心2）

班级：_____ 学号：_____ 姓名：_____ 成绩：_____ 教师签名：_____ 日期：_____

一、选择题（20分）

1. 加工中心与数控铣床的主要区别是（   ）。
   （A）数控系统复杂程度不同   （B）机床精度不同
   （C）有无自动换刀系统

2. 辅助功能 M03 代码表示（   ）。
   （A）程序停止   （B）冷却液开
   （C）主轴停止   （D）主轴顺时针方向转动

3. 数控机床每次接通电源后在运行前首先应做的是（   ）。
   （A）给机床各部分加润滑油   （B）检查刀具安装是否正确
   （C）机床各坐标轴回参考点

4. S500 表示（   ）。
   （A）主轴转速为 500 r/min   （B）主轴转速为 500 mm/min
   （C）进给速度为 500 r/min   （D）进给速度为 500 mm/min

5. 准备功能 G91 表示的功能是（   ）。
   （A）预置寄存   （B）固定循环
   （C）绝对尺寸   （D）增量尺寸

6. 进给功能字 F 后的数字表示（   ）。
   （A）每分钟进给量（mm/min）   （B）每秒钟进给量（mm/s）
   （C）每转进给量（mm/r）   （D）螺纹螺距（mm）

7. 数控机床指的是（   ）。
   （A）装有的专用机床   （B）带有坐标轴位置显示的机床
   （C）采用了数字控制技术的机床   （D）加工中心机床

8. 加工中心按照功能特征分类，可分为复合、（   ）和钻削加工中心。
   （A）刀库+主轴换刀   （B）卧式
   （C）镗铣   （D）三轴

9. 测量反馈装置的作用是为了（   ）。
   （A）提高机床的安全性
   （B）提高机床的使用寿命
   （C）提高机床的定位精度、加工精度
   （D）提高机床的灵活性

10. 圆弧插补指令 G03 X Y R 中，X、Y 表示圆弧的（   ）。
    （A）起点坐标值   （B）终点坐标值

　　（C）圆心坐标　　　　　　　　　　（D）圆心坐标相对于起点的值

二、填空题（10 分）

1. 连续自动加工或模拟加工工件的操作，在＿＿＿＿＿＿＿＿工作方式下进行。

2. G00 的意义是：＿＿＿＿＿＿，G01 的意义是：＿＿＿＿＿＿，G55 的意义是：＿＿＿＿＿＿，M03 的意义是：＿＿＿＿＿＿，M05 的意义是：＿＿＿＿＿＿。

3. 数控编程的方式有＿＿＿＿＿和＿＿＿＿＿编程，编程时可将重复出现的程序部分编成＿＿＿＿＿，使用时可以由＿＿＿＿多次重复调用。

三、简答题（10 分）

1. 简述加工中心进行零件加工的操作步骤。

2. 简述加工中心的主要加工对象。

四、操作题（50 分）

使用加工中心完成如图 9.7 所示零件的编程及加工。

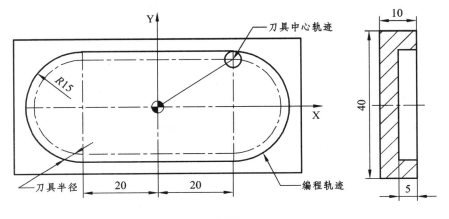

图 9.7

五、实习态度、出勤情况（10 分）

金工实习报告（加工中心 3）

班级：_____　学号：_____　姓名：_____　成绩：_____　教师签名：_____　日期：_____

一、选择题（30 分）

1. 数控系统所规定的最小设定单位就是（　　）。
   （A）数控机床的运动精度　　　　（B）机床的加工精度
   （C）脉冲当量　　　　　　　　　（D）数控机床的传动精度

2. 不属于加工中心的特点的是（　　）。
   （A）工序分散、不集中　　　　　（B）加工精度高
   （C）加工生产率高　　　　　　　（D）经济效益高

3. （　　）表示主轴反转的指令。
   （A）G50　　　　　　　　　　　（B）M04
   （C）G66　　　　　　　　　　　（D）M62

4. S500 表示（　　）。
   （A）主轴转速为 500 r/min　　　（B）主轴转速为 500 mm/min
   （C）进给速度为 500 r/min　　　（D）进给速度为 500 mm/min

5. 数控机床的核心部分是（　　）。
   （A）床身　　　　　　　　　　　（B）主轴部件
   （C）数控装置　　　　　　　　　（D）辅助设备

6. 数控机床的"返回参考点"操作是指回到（　　）。
   （A）对刀点　　　　　　　　　　（B）换刀点
   （C）机床的零点　　　　　　　　（D）编程原点

7. 准备功能 G90 表示的功能是（　　）。
   （A）预置寄存　　　　　　　　　（B）固定循环
   （C）绝对尺寸　　　　　　　　　（D）增量尺寸

8. 为了使数控机床在完成加工后自动返回到原加工程序的起始点，程序结束符应使用（　　）。
   （A）M00　　　　　　　　　　　（B）M01
   （C）M02　　　　　　　　　　　（D）M03

9. 数控机床指的是（　　）。
   （A）装有数控的专用机床　　　　（B）带有坐标轴位置显示的机床
   （C）采用了数字控制技术的机床　（D）加工中心机床

10. （　　）表示直线差补的指令。
    （A）G90　　　　　　　　　　　（B）G11
    （C）G01　　　　　　　　　　　（D）G93

11.（　　）只接收数控系统发出的指令脉冲，执行情况系统无法控制。

 （A）半开环伺服系统   （B）半闭环伺服系统

 （C）开环伺服系统   （D）联动环伺服系统

12. 当前，加工中心进给系统的驱动方式多采用（　　）。

 （A）液压伺服进给系统   （B）电气伺服进给系统

 （C）气动伺服进给系统   （D）液压电气联合式

13. 加工中心按照功能特征分类，可分为复合、（　　）和钻削加工中心。

 （A）刀库+主轴换刀   （B）卧式

 （C）镗铣   （D）三轴

14. G00 的指令移动速度值是（　　）。

 （A）机床参数指定   （B）数控程序指定

 （C）操作面板指定

15. 数控机床每次接通电源后在运行前首先应做的是（　　）。

 （A）给机床各部分加润滑油 （B）检查刀具安装是否正确

 （C）机床各坐标轴回参考点

二、简答题（10 分）

1. 加工中心与其他数控机床比较有哪些优点？

2. 简述加工中心进行零件加工的操作步骤。

三、操作题（50分）

使用加工中心完成如图 9.8 所示零件的编程及加工。

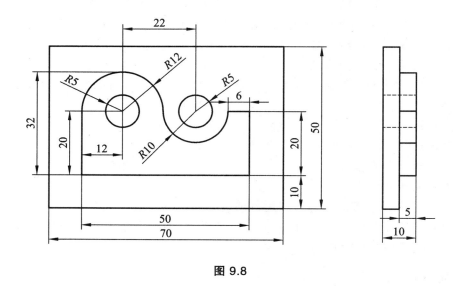

图 9.8

四、实习态度、出勤情况（10分）

金工实习报告（数控铣1）

班级：_____　学号：_____　姓名：_____　成绩：_____　教师签名：_____　日期：_____

一、填空题（20 分）

1. 多道工序自动换刀的数控机床称为_____。

2. 加工中心与数控铣床的差别是_____。

3. 经济型数控机床大多采用_____控制系统。

4. 闭环控制工作方式中，CNC 精确控制电动机的_____，然后通过滚珠丝杠螺母副传动机构，将角度转换成_____。

5. 编制零件加工程序必须先建立_____。

6. 在如下程序段中，各字符的含义：

N 006 G 08 X2354 Y-1369 Z 2213 F004 S717 T 65432 M 07

G：_____；　X、Y、Z：_____；　　F：_____；　S：_____。

二、判断题（10 分）

1. 数控机床按进给伺服系统分类可分为开环数控机床、闭环数控机床、半闭环数控机床。（　　）

2. 加工程序的每行称为一个子程序。（　　）

3. 一个完整的程序由程序名、程序内容和程序结束 3 部分组成。（　　）

4. 闭环或定环伺服系统只接收数控系统发出的指令脉冲，执行情况系统无法控制。（　　）

5. 由于数控机床的先进性，因此任何零件均适合在数控机床上加工。（　　）

三、简答题（10 分）

1. 数控铣床可完成哪些类型的零件加工？

2. 简述进行零件加工的操作步骤。

四、操作题（50分）

使用数控铣床完成如图 9.9 所示零件的编程及加工。

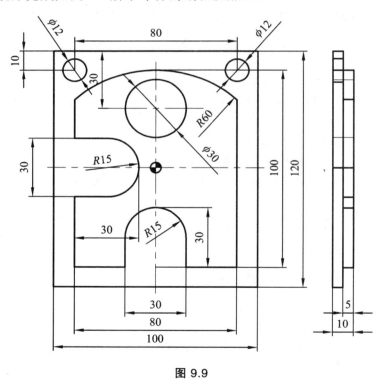

图 9.9

五、实习态度、出勤情况（10分）

金工实习报告（数控铣2）

班级：_____　学号：_____　姓名：_____　成绩：_____　教师签名：_____　日期：_____

一、判断题（10 分）

1．M17 表示主轴正转的指令。（　　　）

2．数控闭环或开环伺服系统只接受数控系统发出的指令脉冲，执行情况系统无发控制。（　　　）

3．在机床通电后，无须检查各开关按钮和键是否正常。（　　　）

4．G 代码可以分为模态 G 代码和非模态 G 代码。（　　　）

5．圆弧插补用半径编程时，当圆弧所对应的圆心角大于 180º 时半径取负值。（　　　）

二、选择题（20 分）

1．数控铣床与加工中心的主要区别是（　　　）。
（A）数控系统复杂程度不同　　　　（B）机床精度不同
（C）有无自动换刀系统

2．数控机床的"返回参考点"操作是指回到（　　　）。
（A）对刀点　　　　　　　　　　　（B）换刀点
（C）机床的零点　　　　　　　　　（D）编程原点

3．进给功能字 F 后的数字表示（　　　）。
（A）每分钟进给量（mm/min）　　（B）每秒钟进给量（mm/s）
（C）每转进给量（mm/r）　　　　（D）螺纹螺距（mm）

4．数控机床的核心部分是（　　　）。
（A）床身　　　　　　　　　　　　（B）主轴部件
（C）数控装置　　　　　　　　　　（D）辅助设备

5．准备功能 G90 表示的功能是（　　　）。
（A）预置寄存　　　　　　　　　　（B）固定循环
（C）绝对尺寸　　　　　　　　　　（D）增量尺寸

6．（　　　）表示主轴反转的指令。
（A）G50　　　　　　　　　　　　（B）M04
（C）G66　　　　　　　　　　　　（D）M62

7．为了使数控机床在完成加工后自动返回到原加工程序的起始点，程序结束符应使用（　　　）。
（A）M00　　　　　　　　　　　　（B）M01
（C）M02　　　　　　　　　　　　（D）M03

8．当前，数控机床进给系统的驱动方式多采用（　　　）。
（A）液压伺服进给系统　　　　　　（B）电气伺服进给系统

（C）气动伺服进给系统　　　　（D）液压电气联合式

9．G00 的指令移动速度值是（　　　）。

（A）机床参数指定　　　　　　（B）数控程序指定

（C）操作面板指定

10．数控机床每次接通电源后在运行前首先应做的是（　　　）。

（A）给机床各部分加润滑油　　（B）检查刀具安装是否正确

（C）机床各坐标轴回参考点

三、简答题（10分）

1．简述试切法对刀的原理。

2．简述进行零件加工的操作步骤。

四、操作题（50分）

使用数控铣床完成如图 9.10 所示零件的编程及加工。

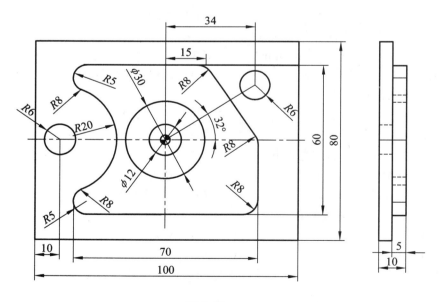

图 9.10

五、实习态度、出勤情况（10分）

第 10 章 电火花线切割

10.1 目的与要求

1. 目　的

（1）了解线切割加工基础知识及电火花线切割的工作原理。

（2）了解线切割的工艺特点和应用范围。

（3）了解普通线切割组成及用途；了解电火花线切割加工机床的分类。

（4）熟悉线切割安全操作技术。

2. 要　求

通过实际操作达到以下要求：

（1）掌握 3B 格式编程规则及方法。在指导老师的指导下，能创新设计编制程序，完成零件加工程序的编制、校验及输入。

（2）掌握线切割机床操作方法。在指导老师的指导下，能利用机床进行凸模、凹模零件的加工。

10.2 基础知识

1. 电火花线切割概述

数控电火花线切割是在电火花成形加工基础上发展起来的，简称电火花线切割（Wire-Cut EDM 或 Traveling-Wire EDM），它以移动着的金属细丝作电极，在电极丝与工件之间产生火花放电，并同时按要求的形状驱动工件进行加工。电火花线切割机床如图 10.1 所示。苏联于 1955 年制成电火花线切割机床，瑞士于 1968 年制成 NC 方式的电火花线切割机床。电火花线切割加工与普通电火花加工的区别如表 10.1 所示。

电火花线切割可应用于冲模、挤压模、塑料模、电火花型腔模的电极加工等，也可对一些无法用机加工方法进行切割的高硬度、高熔点的金属进行加工。

电火花线切割加工以 0.03～0.35 mm 的金属线作为工具电极；利用计算机辅助制图自动编程软件编制加工程序，可方便地加工复杂形状的工件；轮廓加工所需加工的余量少，能节约材料;加工的对象主要是平面形状,但是当机床具有使电极丝作倾斜运动的功能后,也可实现锥面加工;可无视电极丝损耗,加工精度高;依靠计算机控制电极丝轨迹和间隙补偿功能,同时加工凹凸两种模具时,间隙可任意调节。无论工件硬度如何,只要是导电或半导电的材料都能进行加工。

根据数控电火花线切割加工机床的电极丝运动的方式不同,可分为高速和低速走丝数控电火花线切割加工机床两类。高速走丝电火花线切割机床与低速走丝电火花线切割机床的区别如表 10.2 所示。

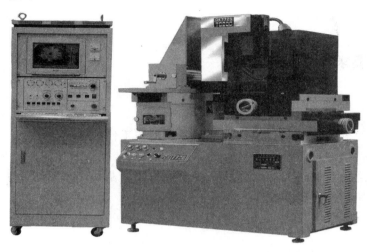

图 10.1   电火花线切割机床

表 10.1   电火花线切割加工与普通电火花加工的区别

普通电火花加工	电火花线切割加工
有成形电极	无须成形电极
工作液主要采用油类	工作液主要采用水(离子水)
无	实现装置化,边移动工件边加工 (工件按仿形方式移动或借助数控驱动工件)

表 10.2   高速、低速走丝数控电火花线切割加工机床的区别

高速走丝数控电火花线切割机床	低速走丝数控电火花线切割机床
电极丝运行速度 300～700 m/min,双向往返循环运动	电极丝运行速度 3 m/min,最高 15 m/min
电极丝主要是钼丝(ϕ0.1～0.2 mm)	电极丝主要是纯铜、黄铜、钨、钼和各种合金以及金属涂覆线(ϕ0.03～0.35 mm)
工作液为乳化液、去离子水	工作液为煤油、去离子水
加工精度为±0.015～±0.02 mm,表面粗糙度 Ra 值为 1.25～2.5 μm,目前能达到的精度为 0.01 mm,表面粗糙度 Ra 值为 0.63～1.25 μm	加工精度为±0.001 mm,表面粗糙度 Ra 值为 0.3 μm

2. 电火花线切割的工作原理

电火花线切割的工作原理如图 10.2 所示。工件装夹在机床的坐标工作台上，作为工件电极，接脉冲电源的正极；采用细金属丝作为工具电极，称为电极丝，接入负极。若在两电极间施加脉冲电压，不断喷注具有一定绝缘性能的水质工作液，并由伺服电机驱动坐标工作台按预先编制的数控加工程序沿 X、Y 两个坐标方向移动，则当两电极间的距离小到一定程度时，工作液被脉冲电压击穿，引发火花放电，蚀除工件材料。控制两电极间始终维持一定的放电间隙，并使电极丝沿其轴向以一定速度作走丝运动，避免电极丝因放电总发生在局部位置而被烧断，即可实现电极丝沿工件预定轨迹边蚀除、边进给，逐步将工件切割加工成形。

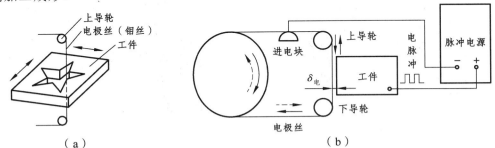

（ a ）　　　　　　　　　　　　　　　（ b ）

图 10.2　电火花线切割的工作原理

3. 电火花线切割加工的工艺

线切割加工一般作为工件加工中最后的工序。要达到零件的加工要求，应合理控制线切割加工的各种工艺因素，同时选择合适的工装。

（1）工艺分析。

首先对零件图进行分析以明确加工要求。其次是确定工艺基准，采用何种方法定位。

（2）工件的装夹。

如图 10.3 所示，工件装夹的方式有悬臂支撑方式、双端支撑方式、桥式支撑方式、板式支撑方式、复式支撑方式、弱磁力夹具等。

① 工件装夹的一般要求：

• 待装夹的工件的基准部位应清洁无毛刺，符合图样要求。对经淬火的模件在穿丝孔或凹模类工件扩孔的台阶处，要清除淬火时的渣物及工件淬火时产生的氧化膜表面，否则会影响它与电极丝间的正常放电，甚至卡断电极丝。

• 所有夹具精度要高，装夹前先将夹具与工作台面固定好。

保证装夹位置在加工中能够满足加工行程的需要，工作台移动时不得和丝架臂相碰，否则无法进行加工。

② 工件位置的找正：

拉表法：利用磁力表座，将百分表固定在丝架或其他固定位置上，百分表头与工件基面进行接触，往复移动 XY 工作台，按百分表指示数值调整工件。

划线法：工件等切割图形与定位的相互位置要求不高时，可采用划线法。固定在丝架上的一个带有顶丝的零件将划针固定，划针尖指向工件图形的基准线或基准面，往复移动

XY 工作台，根据目测调整工件进行找正。

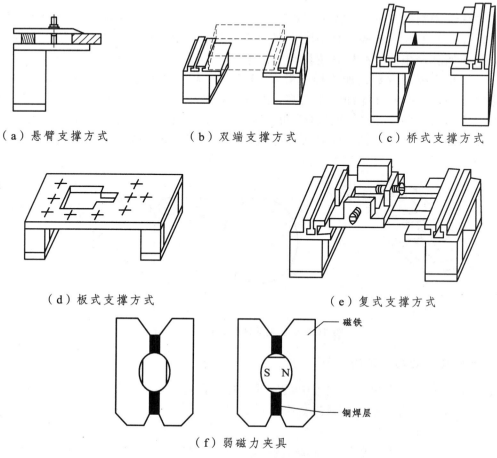

（a）悬臂支撑方式　　　　（b）双端支撑方式　　　　（c）桥式支撑方式

（d）板式支撑方式　　　　　　　　（e）复式支撑方式

（f）弱磁力夹具

图 10.3　工件装夹方式

　　固定基面靠定法：利用通用或专用夹具纵横方向的基准面经过一次校正后，保证基准面与相应坐标方向一致。

　　（3）电极丝的选择，如表 10.3 所示。

表 10.3　各种电极丝的特点

材　质	线径/mm	特　　点
纯　铜	0.1～0.25	适用于切割速度要求不高的精加工时用。丝不易卷曲，抗拉强度低，容易断丝
黄　铜	0.1～0.30	适用于高速加工，加工面的蚀屑附着少，表面粗糙度和加工面的垂直度较好
专用黄铜	0.05～0.35	适用于高速、高精度和理想的表面粗糙度加工以及自动穿丝，但价格高
钼	0.06～0.25	由于它的抗拉强度高，一般用于高速走丝，在进行细微、窄缝加工时，也可用于低速走丝
钨	0.03～0.1	由于抗拉强度高，可用于各种窄缝的细微加工，但价格昂贵

（4）切割路线的确定。

在加工中，工件内部残余应力的相对平衡受到破坏后，会引起工件的变形，所以在选择切割路线时，须注意以下方面：

① 避免从工件端面开始加工，应从穿丝孔开始加工。

② 加工的路线距离端面（侧面）应大于 5 mm。

③ 加工路线应从离开工件夹具的方向开始进行加工，最后再转向工件夹具的方向。

④ 在一块毛坯上要切出两个以上零件时，不应连续一次切割出来，而应从不同预制的穿丝孔开始加工。

（5）电极丝初始位置的确定。

线切割加工前，应将电极丝调整到切割的起始位置上，可通过对穿丝孔来实现。穿丝孔位置的确定，有如下原则：

① 当切割凸模需要设置穿丝孔时，其位置可选在加工轨迹的拐角附近，以简化编程。

② 切割凹模等零件的内表面时，将穿丝孔设置在工件对称中心上，对编程计算和电极丝定位都较方便。但切入行程较长、不适合大型工件时，应将穿丝孔设置在靠近加工轨迹边角处或选在已知坐标点上。

③ 在一块毛坯上要切出两个以上零件或加工大型工件时，应沿加工轨迹设置多个穿丝孔，以便发生断丝时能就近重新穿丝，切入断丝点。

确定电极丝相对工件的基准面、基准线或基准孔的坐标位置的方法有以下几种：

· 目测法。

对加工要求较低的工件，可直接利用工件上的有关基准线或基准面，沿某一轴向移动工作台，借助于目测或 2～8 倍的放大镜，当确认电极丝与工件基准面接触或使电极丝中心与基准线重合后，记下电极丝中心的坐标值，再以此为依据推算出电极丝中心与加工起点之间的相对距离，将电极丝移动到加工起点上。

· 火花法。

利用电极丝与工件在一定间隙下发生火花放电来确定电极丝的坐标位置，操作方法与对电极丝进行垂直度校正基本相同。调整时，移动工作台，使电极丝逐渐逼近工件的基准面，待出现微弱火花的瞬时，记下电极丝中心的坐标值，再计入电极丝半径值和放电间隙来推算电极丝中心与加工起点之间的相对距离，最后将电极丝移到加工起点。

· 自动找中心。

目前装有计算机数控系统的线切割机床都具有接触感知功能，用于电极丝定位最为方便。此功能是利用电极丝与工件基准面由绝缘到短路的瞬间，两者间电阻值突然变化的特点来确定电极丝接触到了工件，并在接触点自动停下来，显示该点的坐标，即为电极丝中心的坐标值。

（6）工艺参数的选择。

工艺参数主要包括脉冲宽度、脉冲间隙、峰值电流等电参数和进给速度、走丝速度等机械参数。在加工中应综合考虑各参数对加工的影响，合理选择加工参数，在保证加工精度的前提下，提高生产率，降低加工成本。

① 脉冲宽度：指脉冲电流的持续时间。脉冲宽度与放电量成正比，脉冲宽度越宽，切割效率越高。但电蚀物也随之增加，如果不能及时排除则会使加工不稳定，表面粗糙度

增大。

② 脉冲间隙：指两个相邻脉冲之间的时间。脉冲间隙增大，加工稳定但切割速度下降。减小脉冲间隙，可提高切割速度，但对排屑不利。

③ 峰值电流：指放电电流的最大值。合理增大峰值电流可提高切割速度，但电流过大，容易造成断丝。

快走丝线切割加工脉冲参数的选择如表 10.4 所示。

表 10.4　快走丝线切割加工脉冲参数的选择

应　　用	脉冲宽度 $t_i/\mu s$	电流峰值 I_e/A	脉冲间隔 $t_0/\mu s$	空载电压 /V
快速切割或加工大厚度工件 $Ra > 2.5\ \mu m$	20 ~ 40	> 12	为实现稳定加工，一般选择 t_0/I_e 为 3 ~ 4 及以上	一般为 70 ~ 90
半精加工 $Ra = 1.25 \sim 2.5\ \mu m$	6 ~ 20	6 ~ 12		
精加工 $Ra < 1.25\ \mu m$	2 ~ 6	< 4.8		

4. 数控线切割编程

数控线切割编程方法分为手工编程和自动编程两种。线切割程序格式有 3B、4B、5B、G 代码等，使用最多的是 3B 格式，低速线切割机床多采用 4B 格式，目前也有许多系统直接采用 G 代码格式。

（1）3B 代码编程。

3B 程序格式如下：

BX BY BJ G Z

其中，B 为分隔符号，将 X、Y、J 的数值分隔开；X 为 X 轴坐标值，取绝对值，单位为 μm；Y 为 Y 轴坐标值，取绝对值，单位为μm；J 为计数长度，取绝对值，单位为μm；G 为计数方向，分为按 X 方向计数（G_x）和按 Y 方向计数（G_y）；Z 为加工指令（共 12 种，直线 4 种，圆弧 8 种）。X、Y、J 的数值最多 6 位。当 X、Y 的数值为 0 时，可省略，即 "B0" 可以省略成 "B"。

（2）直线编程。

直线编程以线段的起点为坐标原点，X、Y 是线段的终点坐标值（X_e，Y_e），也就是切割直线的终点相对于起点的相对坐标的绝对值。当直线与 X 轴或 Y 轴相重合，编程时 X、Y 均可作 0，且在 B 后可不写。例如，B0B5000B5000G_yL2 可简化为 BBB5000G_yL2。分隔符号 "B" 不能省略。计数长度 J 由线段的终点坐标值中较大的值确定，如 $X_e > Y_e$，取 X_e。计数方向 G 是线段终点坐标值中较大值的方向，如 $X_e > Y_e$，取 G_x。直线加工指令有 4 种：L1、L2、L3、L4，分别代表坐标系的 4 个象限。

（3）圆弧编程。

圆弧编程以圆弧的圆心为坐标原点。X、Y 是圆弧的起点坐标值，即圆弧起点相对于圆心坐标值的绝对值。计数方向 G 由圆弧的终点坐标值中绝对值较小的值来确，如 $X_e > Y_e$，取 Y_e。计数长度 J 应取从起点到终点的某一坐标移动的总距离。

加工指令 Z 由圆弧起点所在的象限决定。圆弧加工指令有 SR1、SR2、SR3、SR4、NR1、NR2、NR3、NR4 共 8 种。

10.3　电火花线切割加工的安全技术规程

（1）实习前必须仔细阅读实习指导书。未经指导老师同意，不得开动机床设备，否则将承担造成的经济损失。

（2）用手摇柄操作储丝筒后，应及时将手摇柄拔出，防止储丝筒转动时将手摇柄甩出伤人。废丝要放在规定的容器内，防止混入电路和走丝系统中，造成电器短路、触电和断丝事故。

（3）正式加工工件之前，应确认工件位置安装是否正确，防止碰撞丝架和因超程撞坏丝杠、螺母等传动部件。对于无超程限位的工作台，要防止超程坠落事故。

（4）操作机床之前，要仔细检查输入的各种数据，确定合适的加工条件。严禁随意修改或删除机床参数和内部程序。

（5）操作机床时，不得擅自离开机床，必须在老师的指导下单独轮流进行，一位同学操作时，其他同学不得启动（关停）机床上的任何按钮，以免对操作者或机床设备造成损害。

（6）加工过程中如遇紧急情况，应立刻按下机床操作面板上的红色急停开关，并立即报告指导老师，不得擅自处理，以免损坏设备。

（7）当使用电极丝补偿功能时，要仔细检查补偿方向和补偿量。

（8）在机床上运行程序加工工件前，一定要进行程序的校验，准确设定穿丝点、切入点和切割方向，确定合理的放电条件，确认无误后方可加工工件。

（9）装夹工件时一定要留出加工余量，保证电极丝在切割过程中不能切割到夹具或工作台。

（10）移动电极丝接近工件时，要缓慢，不要使电极丝与工件发生碰撞。

（11）加工过程中，身体的任何部位不能触及工作台、夹具和切割区，以防止触电，特别注意手不能触摸电极丝。

（12）停机时，应先停高频脉冲电源，再停工作液，让电极丝运行一段时间，并等储丝筒反向后再停走丝。

（13）定期检查机床的保护接地是否可靠，注意各部位是否漏电，尽量采用防触电开关。合上加工电源后，不可用手或手持刀电工具同时接触脉冲电源的两输出端，防止触电。

（14）实习结束后，应切断电源，打扫场地和清洁机床，并润滑机床。

10.4　线切割机床的操作

使用 DK7725 锥度电火花数控线切割机床，加工前先准备好工件毛坯、压板、夹具等装夹工具。若需切割内腔形状工件，毛坯还应预先打好穿丝孔，然后按以下步骤操作：

（1）打开机床总电源开关→打开高频电源开关→打开驱动电源开关。

（2）打开电脑→进入编程系统→选择 3B 输入→回车→删除→输入程序 3B 代码→按下 F3 键→修改文件名→回车→按 Esc 键→选择加工 1#→回车→按下 F11 键→按下 F12 键解除机床闭锁。

（3）消除工件毛刺、氧化层，使之具有良好的导电性→清洁机床工作台→根据穿丝点装夹工件。

（4）松开机床紧停开关→打开机床照明灯→按下总控→按下运丝开关（检查换相开关有无异常）→按下水泵开关（检查工作液有无异常）→打开运丝保护→打开休眠保护。

（5）对刀：调节 X、Y 轴，使工件与钼丝接触产生电火花。根据工艺要求、材料厚度调节脉间、脉宽。

（6）按 F12 键→按 F1 键→回车→回车开始加工→中途如需暂停，按空格键，选择相应菜单，机床如有异常按下机床紧停开关。

（7）加工完毕电脑报警→按空格键→选择停止→回车→按下 F11 键→按下 F12 键→关闭驱动电源开关→关闭高频电源开关。

（8）移动 X、Y 轴使工件离开钼丝→按下紧停开关断电→卸下工件。

（9）关闭电脑→关闭机床总电源开关→清洁机床→加工完毕。

金工实习报告（线切割 1）

班级：_____　学号：_____　姓名：_____　成绩：_____　教师签名：_____　日期：_____

一、填空题（21 分）

1. 电火花线切割加工简称_____。

2. 根据电极丝的运行速度，电火花线切割机床通常分为_____和_____两大类。

3. _____电火花线切割机床是我国生产和使用的主要机种，也是我国独创的电火花线切割加工模式。

4. 实习中电火花线切割加工程序采用的是_____格式程序。

5. 实习结束后，应_____，打扫场地和清洁机床，并润滑机床。

6. 定期检查机床的保护接地是否可靠，注意各部位是否漏电，尽量采用防触电开关。合上加工电源后，不可用手或手持刀电工具同时接触脉冲电源的_____，防止触电。

二、选择题（15 分）

1. DK7725 锥度电火花数控线切割机床，K 代表（　　　）。
　（A）电火花　　　　　（B）快速走丝　　　　　（C）数控

2. 3B 格式编程中，用（　　　）来表示顺时针圆弧加工指令。
　（A）NR　　　　　　（B）SR　　　　　　（C）L　　　　　　（D）R

3. 3B 格式编程中，斜线段加工指令用（　　　）来表示。
　（A）L　　　　　　（B）R

4. 线切割加工时，电极与工件的放电间隙一般为（　　　）。
　（A）1 mm　　　　　（B）0.01 mm　　　　　（C）0.1 mm　　　　　（D）10 mm

5. 线切割加工中常用的电极丝是（　　　）。
　（A）铁丝　　　　　（B）钢丝　　　　　　（C）电锡丝　　　　　（D）钼丝

三、简答题（14 分）

1. 线切割机床加工过程中如遇紧急情况应如何处理？（5 分）

2. 脉冲宽度表示什么意思？（5分）

3. 确定电极丝相对工件的基准面、基准线或基准孔的坐标位置的方法有几种？（4分）

四、综合分析题（40分）

根据图 10.4，编写 3B 代码程序并进行加工。

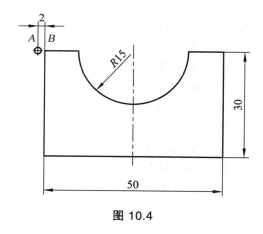

图 10.4

五、实习态度、出勤情况（10分）

金工实习报告（线切割 2）

班级：_____　学号：_____　姓名：_____　成绩：_____　教师签名：_____　日期：_____

一、填空题（18 分）

1. 数控线切割机床主要由机床主体、驱动电源、_____和_____等几部分组成。

2. 电花线切割加工机床使用的工作液的主要作用有_____、_____和_____。

3. 电花线切割加工时工件位置的找正方法有_____、_____和_____。

4. 电火花线切割可应用于冲模、挤压模、塑料模、电火花型腔模的电极加工等，也可对一些无法用机加工方法进行切割的高硬度、高熔点的_____进行加工。

二、选择题（12 分）

1. DK7725 锥度电火花数控线切割机床，第二个 7 代表（　　）。
　（A）电火花　　　　　　（B）快速走丝　　　　　（C）锥度

2. 3B 格式编程中，X 为 X 轴坐标值；Y 为 Y 轴坐标值，取（　　）。
　（A）绝对值　　　　　　（B）增对值　　　　　　（C）差值

3. 3B 格式编程中，用（　　）来表示计数长度。
　（A）B　　　　　　　　（B）G　　　　　　　　（C）J

4. 本次实习电极丝运动起点位置的确定采用（　　）。
　（A）火花法　　　　　　（B）接触感知法　　　　（C）自动寻找

5. 实习中线切割所用的 3B 代码指令格式"BXBYBJGZ；"中 Z 表示（　　）。
　（A）记数长度　　　　　（B）记数方向　　　　　（C）加工指令

6. 3B 程序格式为 BX BY BJ G Z。其中，B 为分隔符号，将 X、Y、J 的数值分隔开；X 为 X 轴坐标值；Y 为 Y 轴坐标值；J 为计数长度，单位为（　　）。
　（A）cm　　　　　　　（B）mm　　　　　　　（C）μm

三、简答题（20 分）

1. 简述线切割机床的工艺特点和应用范围？（10 分）

2. 脉冲间隙表示什么意思？（5 分）

3. 电火花数控线切割加工工艺参数包括哪些内容？（5 分）

四、综合分析题（40 分）

根据图 10.5，编写 3B 代码程序并进行加工。

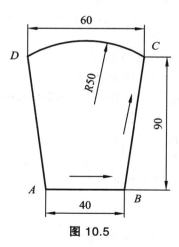

图 10.5

五、实习态度、出勤情况（10 分）

金工实习报告（线切割 3）

班级：_____　学号：_____　姓名：_____　成绩：_____　教师签名：_____　日期：_____

一、判断题（15 分）

1. 电火花线切割机床可加工硬度很大的材料，因此电极丝材料有更大的硬度。（　　）

2. 走丝速度高则切割速度一定高。（　　）

3. 电火花线切割机床可加工精密细小，形状复杂的工件。（　　）

4. 电火花线切割所用电极丝的直径是相同的。（　　）

5. 操作机床时，不得擅自离开机床，必须在指导老师的指导下单独轮流进行，一位同学操作时，其他同学不得启动（关停）机床上任何按钮，以免对操作者或机床设备造成损害。（　　）

二、选择题（15 分）

1. 直线编程以线段的（　　）为坐标原点。
　　（A）起点　　　　　　（B）终点　　　　　　（C）任意点

2. 圆弧编程以圆弧的（　　）为坐标原点。；
　　（A）起点　　　　　　（B）终点　　　　　　（C）圆心

3. 3B 格式编程中，圆弧加工指令有（　　）。
　　（A）2 种　　　　　　（B）4 种　　　　　　（C）8 种

4. 圆弧编程中 X、Y 是圆弧（　　）相对于圆心坐标值的绝对值。
　　（A）起点　　　　　　（B）终点　　　　　　（C）圆心

5. 直线编程中 X、Y 是直线（　　）相对于起点坐标值的绝对值。
　　（A）起点　　　　　　（B）终点　　　　　　（C）中点

三、简答题（20 分）

1. 详述 DK7725 锥度电火花数控线切割机床操作步骤。（10 分）

2. 峰值电流表示什么意思？（5 分）

3. 简述实习中电火花数控线切割机床的类型。（5 分）

四、综合分析题（40 分）

根据图 10.6，编写 3B 代码程序并进行加工。

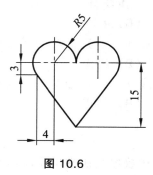

图 10.6

五、实习态度、出勤情况（10 分）

第 11 章　智能机器人

11.1　目的与要求

1. 目　的

（1）掌握能力风暴智能机器人与计算机的连接方法。

（2）掌握能力风暴智能机器人操作系统的操作方法。

（3）了解能力风暴智能机器人的感知功能与性能。

（4）理解控制能力风暴智能机器人的相关库函数。

（5）利用能力风暴智能机器人的相关库函数进行编程，以控制风暴智能机器人的行为。

2. 要　求

通过实际操作达到以下要求：

（1）掌握智能机器人的基础理论。

（2）理解能力风暴智能机器人的整体结构和硬件结构。

（3）熟悉 AS-UII 型能力风暴智能机器人的操作系统。

（4）在能力风暴智能机器人操作系统开发环境下进行编程。

（5）在能力风暴智能机器人仿真环境下编程仿真。

11.2　基础理论知识

1. 机器人的定义

我国科学家对机器人的定义是："机器人是一种自动化的机器，所不同的是这种机器人具备一些与人或生物相似的智能能力，如感知能力、规划能力、动作能力和协同能力，是一种具有高度灵活性的自动化机器。"

智能机器人是由智能、动力、结构、运动及感智等要素所组成的光、机、电一体化系统，是一个多种技术应用的综合平台。它包含了机械设计与制造、电子电气、计算机、通信、网络等各项技术学科。

2．能力风暴智能机器人

能力风暴智能机器人是面向教育的个人机器人（Personal Robot），其外形如图 11.1 所示。它具有以下 3 个方面的技术特点：

图 11.1

（1）强大的交互式 C 语言。具有典型的嵌入式操作系统特征，在线编程环境可以进行机器人应用程序的编程和创新实践。

（2）采用模块化结构。标准 C 语言程序开发可以采用各种模块（库函数），使得程序开发简单化。

（3）运用开放式接口。JC 操作系统的软件与硬件接口达到了高度开放，软、硬接口的扩展可以增加机器人的功能，智能机器人能够完成各种挑战性的任务。

3．图形化交互式 C 语言

图形化交互式 C 语言（简称 VJC）是用于能力风暴智能机器人系列产品的软件开发系统，具有基于流程图的编程语言和交互式 C 语言（简称 JC）。在 VJC 中，不仅可以用直观的流程图编程，也可以用 JC 语言编写更高级的机器人程序。在搭建流程图的同时，动态生成无语法错误的 JC 代码。流程图搭建完毕，程序就已经编写完成，可以立即下载到机器人中运行。JC 语言编程可以直接在 JC 代码编辑环境中编写程序，还可以边写边试，发现错误可及时校正。

4．能力风暴智能机器人传感器

（1）碰撞传感器。

在能力风暴四周有一个碰撞环，碰撞环内侧装有 4 个碰撞传感器，可以检测是否撞上障碍物以及碰撞发生的方位。这 4 个碰撞传感器分别装在能力风暴的左前、左后、右前、左后方向，通过判断它们的状态可以得到 8 个方向上的碰撞情况。

在 JC 中，碰撞传感器的库函数是 int bumper（），在程序运行过程中此库函数仅在被调用到时执行一次，即采集数据一次。返回值的意义：1 左前，2 右前，4 左后，8 右后，3 前，12 后，5 左，10 右。

（2）红外传感器。

能力风暴红外传感器是由两只红外发射及一只红外接收组成的。红外发射管以固定的频率发射信号，由接收管接收障碍物反射过来的红外光线。

红外检测函数为 int ir_detect ()。调用一次，红外探测系统开启一次。返回值的意义：0 没有障碍，1 左边有障碍，2 右边有障碍，4 前方有障碍。

（3）光敏传感器。

光敏传感器本质上是电阻，其阻值随外部照射光线的变化而变化。光线越强，阻值越小。

在 JC 中，光敏传感器的库函数是：photo（1）为检测左光敏，photo（2）为检测右光敏，在程序运行过程中库函数仅在被调用到时执行一次，即采集数据一次。其返回值反映了光线的强弱情况，光线越暗，数值越大；反之，则越小，变化范围为 0～255。

（4）声音传感器（麦克风）。

音膜受声波作用产生振荡，音圈切割磁力线，在其两端产生感应电压，将其输出电压信号放大处理后给微控制器。

在 JC 中，声音传感器的库函数是 int microphone（）声音传感器检测。在程序运行过程中此函数仅在被调用到时执行一次，即采集数据一次。其返回值代表了检测到环境中声音的大小，取值范围是 0～255。

（5）光电编码器。

光电编码器由码盘（在主动轮内侧）和光电耦合器（在主动轮支架内侧）组成。光电耦合器通过发射红外线，然后测定随轮轴一起转动的码盘的反射脉冲，得出轮子转动的转角与圈数，从而测定机器人行走的距离。

在 JC 中，光电编码器的库函数是 int rotation_clear（int index）光电编码器计数清零。1 对应左，2 对应右，0 表示左右计数器同时清零；int rotation（int index）光电编码器脉冲累计读数，rotation（1）为检测左光电编码器，rotation（2）为检测右光电编码器。

5. 能力风暴智能机器人执行部分

（1）驱动机构。

能力风暴的各种运动可以通过控制两个主动轮的速度来进行。即两个主动轮的转动速度不同，决定了能力风暴是走直线还是曲线，而该速度通过电机调速来控制。

在 JC 中，碰撞传感器的库函数有：void motor（int m，int vel），以功率级别 vel（−100～100）启动电机。1 为左电机，2 为右电机，3 为扩展电机；void drive（int move，int turn）同时设定两个电机的速度，move 为平移速度，turn 为旋转速度；

（2）喇叭（扬声器）。

在 JC 中，音频函数有 void beep（）产生一段 0.3 s、500 Hz 赫兹的音频信号；void tone（float frequency，float length）产生一个 length 秒长、音调为 frequency 赫兹的音频信号。

（3）LCD—— 液晶显示屏。

LCD 显示屏可以显示英文、数字等字符，告诉用户它遇到了什么、正在做什么或是想干什么。

6. 能力风暴智能机器人自检

下面学习机器人的一套自检程序，为"我们的朋友"做一次全面的"身体检查"。观察机器人各部分功能是否正常。刚出厂的机器人通常都储存有自检程序。开机后，只要按一下运行键，自检程序就可以运行了。对于使用过的机器人，需要按照如下步骤来检查身体。

（1）配置机器人型号。

由于不同型号的机器人硬件有所差异，所以编写程序之前，应当先正确地配置机器人型号。选择 VJC 软件窗口菜单中的"工具"→"设置选项"命令，打开"设置"对话框。

在"机器人型号"下拉列表框中选择正确的机器人型号，此处选择"AS-MⅡ——能力风暴中学版Ⅱ型智能机器人"。点击"确定"按钮，退出设置。本设置在下次运行 VJC 时生效。

（2）下载机器人自检程序。

① 连接下载信号线。将下载信号线的一端接机器人控制按键区的"下载口"插口，另一端接计算机箱后的 9 针串口。

② 按击控制按键中的"电源开关"键，启动机器人，见到"电源"指示灯发光即可。

③ 打开 VJC 操作窗口，选择窗口菜单中的"工具"→"机器人自检程序"命令或单击工具栏中的"自检"按钮，等待出现"下载成功！"后，说明自检程序已经下载到机器人的操作系统中，单击"关闭"按钮退出。

④ 拔下下载信号线，将机器人带到安全的地方（空旷，无障碍平地），进行自检。

（3）自检程序流程。

按下控制按键中的"开关"键，会听到"嘟"一声，LCD 上显示出"ASOS2002 Grandar Ability Storms"，同时右下角有太极状的图标在跳，表示机器人系统运行正常。按下"运行"键，机器人就开始自己做体检了，LCD 上会显示"AS-Infox Intelligent Robot Test"，当一项内容自检完成后，再按运行键，将进行下一项检测内容。

① 显示检测。

LCD 液晶显示屏可以显示 2 行字符，每行 16 个。自检开始后，显示屏显示的测试项目为"Now Test No.1"，然后开始自动显示数字、符号、字母等字符，字迹符号显示清晰，说明 LCD 液晶显示屏是正常的。

② "发声"检测。

继续按"运行"键，机器人开始第二项检测，显示屏显示的测试项目为"Now Test No.2"，这一项是"发声"检测，扬声器所播放的乐曲应清晰洪亮，无明显噪声。

③ 光敏检测。

光敏传感器是机器人感应外部光线强弱的"器官"，继续按"运行"键，机器人开始第三项光敏检测，显示屏显示的测试项目为"Now Test No.3"，随后在显示屏上用箭头显示光线强的方向和两只光敏检测到的光线强度值。

④ 红外检测。

红外传感器相当于机器人的眼睛，它的作用是检测机器人前方、左前方、右前方是否有障碍物。继续按"运行"键，机器人开始第四项红外检测，显示屏显示的测试项目为"Now Test No.4"，随后在显示屏上出现"IR Test"提示。在前方 10～80 cm 范围内，有 A4 纸大小的障碍物时，在 LCD 上会有"<<<<<"符号显示，指明障碍物所在的方位（左前、右前或者正前）。

⑤ 话筒检测。

继续按"运行"键，机器人开始第五项话筒检测，显示屏显示的测试项目为"Now Test No.5"，随后在显示屏上出现"Microphone Test"提示。对着话筒槽孔说话，看显示屏上的">>"是否增加,如果增加,说明机器人的听觉器官正常。

⑥ 碰撞检测。

机器人虽然只有四只碰撞传感器,却能感知来自各个方向的碰撞。继续按"运行"键,机器人开始第六项碰撞检测,显示屏显示的测试项目为"Now Test No. 6",随后在显示屏上出现"Bumper Test"提示。按动位于机器人下部的碰撞环,在显示屏上能显示表示对应方位的英文字符,如"Front, Back, Left, Right"等。

⑦ 直流电机检测。

继续按"运行"键,将开始第七项直流电机检测,显示屏显示测试项目"Now Test No.7",随后机器人将会自动直行、转弯,同时在显示屏上显示光电编码器累计数值和瞬时电机转速。

⑧ 光电编码器检测。

继续按"运行"键,机器人开始第八项光电编码器检测,显示屏显示的测试项目为"Now Test No. 8",随后在显示屏上出现"Encoders Test"提示。分别转动机器人左、右轮子 1 圈,看显示屏上显示左、右光电编码器的数值。

通过以上检测,同学们不仅可以了解机器人各部分的状态,还可以为以后编写程序打下良好的基础。

11.3 机器人安全操作注意事项

(1) 机器人下部的碰撞环是柔性部件,取放的时候要小心,尽量不要接触碰撞环。

(2) 机器人在加载运行程序时,一定要双手托起个人机器人,以免掉落在地上损坏。

(3) 机器人必须在 JC 语言环境下进行操作,否则容易损坏系统。

(4) 没有指导老师的允许,不准随意拆卸个人机器人。

(5) 若机器人使用过程中遇到故障,请及时向指导老师报告。

(6) 按下机器人的电源开关,如果看不到"太极图"跳动,则说明机器人中没有了操作系统,要为机器人下载操作系统。

(7) 当对传感器的工作状态正常与否有疑虑时,可以用自检程序来进行检测校正。

(8) "复位/ASOS"按钮是复合按钮,用于下载操作系统和复位。

复位功能:在机器人运行程序的过程中,按下此按钮,机器人就会中断程序的运行。这时,按一下运行键,或关机、开机,然后按一下运行键,可让程序从头开始运行。

更新操作系统功能:连接好串口通信线,打开机器人电源开关,在 VJC1.5 流程图界面中选择"工具(T)→更新操作系统(U)"命令,然后按下此按钮,即可更新操作系统。

如果在下载程序的中间,不慎按下了复位按钮,机器人会误认为是更新操作系统,而不是下载当前程序。这时请重新更新操作系统,再下载当前程序,即可成功下载程序。

下载程序时应注意以下几方面:

① 下载程序可以使用菜单栏中的"工具(T)"选项卡,也可以使用工具栏中的"下载"快捷按钮。

② 按照对话框中的要求逐一检查（如电源开关是否打开等）。

③ 耐心等待下载过程结束。直到出现"下载成功"字样，关闭对话框后，才能按下运行键，否则会产生误操作。

（9）如果使用"直行"模块，机器人走的直线不理想，可以使用"启动电机"模块，分别调整左右电机的速度，直到机器人走出令人满意的直线为止。

金工实习报告（智能机器人 1）

班级：_____　学号：_____　姓名：_____　成绩：_____　教师签名：_____　日期：_____

一、填空题（20 分）

把能力风暴机器人连接到计算机的一个串口上，打开机器人电源开关，电源指示灯点亮。点击 VJC1.5 图标，并运行 VJC，选择 JC 代码程序。配置机器人型号，选择 AS-UII。单击菜单栏中的"工具（T）"选项卡，在下拉菜单中单击"下载自检程序"（下载后，按能力风暴"运行"键开始自检。观察液晶显示器的检测内容，而后填空。每完成一项检测后，再按一下"运行"键，能力风暴机器人进行下一项检测）。

自检程序下载后，按"运行"键，自检查开始：

1. LCD 液晶显示器上先显示_____，然后又显示字符。

2. 再次按"运行"键，喇叭里放出的是_____，LCD 显示_____、_____。

3. 再次按"运行"键，观察 LCD 显示器的内容：_____、_____。用手挡一下左边的光敏传感器，改变光线的强弱。随着光线强弱的变化，返回值变化的规律是_____。

4. 再次按"运行"键，把手放在红外传感器的左前方，LCD 显示为：_____、_____。

5. 再次按"运行"键，对着麦克风开孔的地方说话，LCD 上的"<"变化，LCD 显示为：_____、_____。

6. 再次按"运行"键，按住碰撞环的左前方，LCD 显示为：_____、_____。再按住右前方，LCD 上第二行为_____。再按住左后方，LCD 上第二行为_____。再按住右后方，LCD 上第二行为_____。

7. 再次按"运行"键，观察 LCD 上显示的信息，分别为光电编码器累计记数值和瞬时电机转速。将任一时刻的显示内容记录为_____、_____。

8. 转动左轮，注意观察轮胎上的标记，使左轮正好转动一圈，LCD 上左编码器的记数值为_____。转动右轮，注意观察轮胎上的标记，使右轮正好转动一圈，LCD 上左编码器的记数值为_____。

二、判断题（10 分）

1. 智能机器人的"感觉器官"是传感器，使得智能机器人具有感知能力。（　　　）

2. 光电编码器是由码盘和光电接发器所组成。（　　　）

3. 红外传感器是由两个红外发射管及一个红外接收管所组成。（　　　）

4. 单片机（也称微控制器）不是计算机。（　　　）

5. 交互式 C 语言（简称 JC）是用于能力风暴智能机器人的专用开发系统。（　　　）

6. Main（）函数不会在能力风暴智能机器人启动时自动执行。（　　　）

7. 函数可以有返回值。（　　　）

8. 流程图是用一些图形表示各种操作的。（　　　）

9. 能力风暴机器人的相关库函数不是模块。（　　　）

10. 能力风暴机器人的编程可以用流程图与交互式 C 语言两种方法。（　　　）

三、编程题（60分）

1. 如何控制能力风暴机器人走出正三角形、口字形的轨迹。

2. 编写出前方遇到障碍物，发声并掉头的程序。

3. 机器人会跳舞，边走边唱，能力风暴机器人像一个可爱的宠物。

四、实习态度、出勤情况（10分）

金工实习报告（智能机器人 2）

班级：_____　学号：_____　姓名：_____　成绩：_____　教师签名：_____　日期：_____

一、填空题（30 分）

1. 碰撞传感器

（1）在 JC 对话窗口的命令行输入如下程序块：

{while（1）{printf（"bump=%b\n"，bumper（）；sleep（0.1）；}}

（2）按回车键，JC 能立即编译下载这段程序块并运行，LCD 上显示_____。

（3）按左前方碰撞环，LCD 显示_____。

（4）对其他方向施加碰撞，显示的值将不同。4 个基本方向发生碰撞时返回值（二进制数），对应关系如下：

左前_____；右前_____；左后_____；右后_____。

（5）4 个派生方向发生碰撞，返回值可经过计算得到。例如，正前方的返回值 0b0010（左前）＋0b0001（右前）= 0b0011（正前）。0b 是 C 语言中说明二进制数的前缀。

前_____；后_____；左_____；右_____。

（6）请输入以下程序，并分析执行结果_____。

```
void main（）
    {
        int bumpvalue;/*定义整形变量*/
while（1）
        {
        bumpvalue=bumper（）;/
*bumper 将返回碰撞检验值*/
        printf（"bump=%b\n"，bumpvalue）;/*以二进制形式显示出碰撞传感器的检测值*/
sleep（0.1）;/*延时 0.1 秒*/
        }
    }
```

2. 红外传感器

（1）在 JC 对话窗口的命令行输入如下程序块：

{while（1）{printf（"bump=%b\n"，bumper（）；sleep（0.1）；}

（2）按回车键，JC 能立即编译下载这段程序块并运行，LCD 上显示_____。

（3）用手分别挡住能力风暴个人机器人的前方、左方和右方，液显上显示的 ir= 的值。

前方_____；左方_____；右方_____；无障碍_____。二进制

表示：_____；十进制表示：_____。

（4）请输入以下程序，并分析程序的执行结果＿＿＿＿＿＿＿。

```
void main（ ）
        {
        int ir;
while（1）
            {
ir=ir_detect（ ）;
if（ir!=0b00）  /*判断是否有障碍*/
                {
        drive（－80，－20）;  /*执行语句,即倒退0.5秒*/
sleep（0.5）;
                }
drive（100,0）;/*前进*/
}
        }
```

3. 光敏传感器

（1）连接好能力风暴智能机器人。

（2）在 JC 对话框中输入如下程序块：

{while（1）{printf（"photoleft=%d\n"，analog（0））; sleep（0.5）; }}

（3）按回车键,JC 能立即编译这一段程序并下载运行,LCD 上显示＿＿＿＿＿＿＿。

（4）改变照射在主光敏电阻上的光线强弱，观察读数的变化。可发现光线越暗，数字越＿＿＿＿＿＿＿，光线越强，数字越＿＿＿＿＿＿＿。

（5）分析下面程序的执行结果＿＿＿＿＿＿＿。

```
void main（ ）
    {
int right;
while（1）
        {
right=analog（0）;
if（right>200）
            {beep（）;
beep（）;
            }
        }
    }
```

二、简答题（10 分）

1. 能力风暴智能机器人具有哪 3 个方面的技术特点？

2. 能力风暴智能机器人有哪几种常用的传感器？

三、编程题（50 分）

1. 回声 Echo——您叫机器人一声，机器人就会回应一声。能力风暴是不是很听话？

2. 走向亮光 Goto light——如果房间里点着一支蜡烛，机器人就会向蜡烛走过去。

3. 三步舞 I'm dancing—— 机器人还会跳舞呢，欣赏一下吧。

四、实习态度、出勤情况（10分）

金工实习报告（智能机器人 3）

班级：_____　学号：_____　姓名：_____　成绩：_____　教师签名：_____　日期：_____

一、填空题（30 分）

1. 声音传感器

（1）连接好能力风暴智能机器人；

（2）在 JC 对话框中输入如下程序块：

{while（1）{printf（"mic=%d\n"，analog（2））；sleep（0.1）；}}

（3）按回车，JC 能立即编译这一段程序并下载运行，周围的环境很安静，LCD 上显示_____。

（4）对着 microphone 发出一些声音，可以看到 microphone 的值不断变化。此时 LCD 上显示为_____。

（5）请输入以下程序，分析程序的执行结果_____。

```
void main（）
    {
    int b=1;/*状态标志位*/
int mic;
while（1）
{
mic=analog（2）;              /*检测麦克风*/
printf（"mic=%d\n",mic）;          /*显示检测值*/
sleep（0.5）;/*延时 0.5 秒,可调整*/
if（mic>180）b=b*（-1）;/*条件满足,改变运动状态*/
if（b==-1）drive（100,0）     /*前进*/
if（b==1） stop（）;/*停止*/
}
}
```

2. 光电编码器

（1）运行一下 JC 中的 ASU-selftes.lis 程序的 encoder_test（），看一下转一圈共输出_____个脉冲。同时注意看 R 或 L 右边的"·"和"*"变化，"·"表示当前无反射信号，看一下码盘的黑格是否正好位于编码器上。

（2）输入下面的程序：

```
void main（ ）
    {
        int encoder_state;
while（1）
        {
            encoder_state=left_shaft（ ）;/*返回左编码器的当前状态*/
printf（"encoder=%d\n", encoder_state）;
 sleep（0.1）;/*延时 0.1 秒,可调整*/
        }
    }
```

运行程序，旋转左轮胎，观察 LCD 上显示值的变化＿＿＿＿＿＿＿（请在横线上填入显示的结果或现象），码盘上的白条对红外发射接受芯片时，encoder_state 的值为＿＿＿＿＿＿＿；黑条对着芯片时，encoder_state 的值为＿＿＿＿＿＿＿。

（3）请输入下面的程序，分析程序的执行结果是＿＿＿＿＿＿＿。

```
void main（ ）
    {
        init_velocity（ ）;                /*初始化脉冲采样中断驱动*/
drive（70,0）;/*前进*/
sleep（2.0）;/*延时 2 秒*/
printf（"left=%f\n",（float）get_left_clicks（ ）/33.0）;
提示：33 是每 1 圈输出脉冲数!
stop（ ）;                  /*停止*/
    }
```

（4）改变上面程序中的速度参数，结果是＿＿＿＿＿＿＿。

二、简答题（10 分）

1. 我国科学家如何对机器人定义的？

2. 能力风暴机器人可以用什么方法编程？它们之间的关系是怎样的？

三、编程题（50 分）

1. 电子琴 Piano——从不同的方位触动碰撞环，机器人会发出不同的声音。

2. 声与光 I'm in dark——在明暗不同的光线下，机器人会发出不一样的叫声。

3. 跟我走 Follow——机器人会跟着前方的物体走，能力风暴机器人就像一个可爱的宠物。

四、实习态度、出勤情况（10 分）